개정판

건축기계설비 적산실무

김덕주 김규생 서병택

기문당

ractices of Building Facilities Cost Estimation

머리말

건설공사의 원가관리는 정해진 예산범위 내에서 공사의 전 과정에 소요되는 공사비를 경제적으로 관리하는 것으로 공사비를 예측하기 위한 견적은 원가관리의 가장 기본이 되는 업무이다.

이번 표준품셈 개정이 전반적으로 조정되어 그 변경된 내용을 적용하고, 관련 문제도 품셈에 맞도록 수정했으며, 산업기사·기사 시험 준비생들을 위한 문제도 수록하고 미흡했던 내용을 대폭 보완하여 개정판을 출판하게 되었다.

건축기계설비적산은 품셈, 노임, 재료단가를 제대로 이해하고 물량을 산출하는데서 시작하는 현장실무 과목으로 설계사무소에서는 예상 공사비 이내에서 설계가 이루어지도록 조정하여 원가계산 내에서 시공성 있는 설계도서를 작성하기 위해서도 필요하다.

건설회사에서 공사를 수주하기 위한 입찰은 견적을 통하여 이루어지므로 이는 기업의 사활이 달린 중요한 업무이다.

공사현장에서는 수주한 공사를 실행 예산 내에서 수행하기 위해 적정한 시기에 장비나 자재반입, 인원계획, 기성 신청 등으로 자금계획을 수립할 수 있고, 외주공사 및 하도급관리, 설계변경 업무 등을 수행해야 하므로 적산을 떠나서는 현장업무를 수행할 수 없다.

이렇게 중요한 업무는 이론과목이 아닌 실무과목으로 설비의 이론뿐만 아니라 설계에 대한 이해 및 도면해독 능력도 필요하므로 어려운 것 같지만, 실제로 그렇게 어려운 업무는 아니다.

건축기계설비적산을 공부하기 위해서는 설비재료에서 재료별 종류, 특성, 장단점, 그리고 적용성까지 숙지하고, 도면해독에서는 도시기호들을 숙지한 후 적산을 시작한다면 적산은 쉽고 재미있는 과목이 될 것이다.

1. 적산을 처음으로 접하는 사람들을 위하여 먼저 적산의 개념과 필요성, 산출방법 등을 설명하고, 품셈 적용의 해설을 돕기 위해 착안사항과 사진을 수록하였으며, 예제문제를 통하여 이해도를 높이고 더불어 기사시험도 준비할 수 있도록 하였고,
2. 평면도에서 이해하기 어려운 마감높이 산정방법을 적산에서 가장 기본이 되는 화장실 위생도기를 중심으로 설치단면도를 그리고 사진으로 보완하여 이해하기 쉽도록 하였다.
3. 견적을 시작하기 전에 간단한 도면의 예제를 통하여 적산업무에서 수행하는 적산준비사항과 산출조서 양식으로 수량을 산출하고 품셈 및 일위대가를 적용하고, 내역서 작성 후 원가계산까지 현장에서 수행하는 적산과정을 배울 수 있도록 기술하였다.

이 책은 처음으로 건축기계설비적산을 배울 때 순서대로 공부하면서 적산을 쉽게 배우고 익힐 수 있도록 하였고, 이미 적산을 배운 초·중급 기술자들은 자기 수준에 맞추어 필요한 부분을 공부할 수 있도록 구성하였다.

이 책을 통하여 건축기계설비를 전공하는 학생들에게는 적산에 쉽게 접근함으로써 실무능력을 배양하고, 현장에 종사하는 기술자들의 기술 향상에도 도움이 되기를 기대한다. 그리고 이 책이 나오기까지 주위에서 격려해주신 동료 교수님과 출판을 허락해주신 기문당 강해작 사장님께 감사드린다.

저 자

차 례 |

Chapter 3 건축기계설비 적산 입문

Chapter 4 건축기계설비 적산 실무

Chapter 1

적산개론

Practices of Building Facilities Cost Estimation

1.1 적산의 목적

건설공사의 원가관리는 계획된 예산범위 내에서 공사의 전 과정에 소요되는 공사비를 경제적으로 관리하는 것이므로, 공사비를 예측하기 위한 견적은 원가관리의 가장 기본이 되는 업무이다. 일반적으로 견적은 건설공사를 수행하는 데 필요한 자재, 노무, 경비 등의 수량과 금액을 산출하는 데 있다. 건설공사는 자재조달, 계약금액 결정 및 건설공사관리에 의해 실제적인 금액을 조정하는 내용이 포함된다.

실제로 시공하지 않은 건물의 공사비를 예측하는 것은 쉬운 업무가 아니므로 접근하는 방법도 다양하다. 재료비는 도면에 표시된 대로 물량을 산출하기 위한 순서나 방법이 있고, 인건비는 사람의 능력에 따라 차이가 있으므로 기준이 필요하다. 그리고 현장을 관리하는 현장관리비, 본사에서는 본사 임직원 급료나 기타 회사를 운영하기 위한 일반관리비, 공사가 완료된 후 하자보수비 등도 필요한 부분이다. 그리고 설계사무소에서는 예산범위 내에서 설계하기 위해 사용하고, 건설회사에서는 예정가격을 파악하여 입찰을 위해 사용하며, 공사현장에서는 준공까지의 실제 투입 예정금액을 산출하여 기업이윤 확보를 위해 꼭 필요한 것이 적산이다.

일반적으로 공사목적물의 완성에 소요되는 수량을 산출(자재 및 인건비 공량)하는 것을 적산이라 하고, 수량에 단가를 곱하여 공사금액을 산출하는 것을 견적이라고 한다.

적산의 종류에는 산출목적에 따라 5가지로 분류할 수 있다.

① 건축계획을 위한 적산 – 건축주가 투자계획의 예상금액을 결정하는 적산

② 설계방향을 위한 적산 – 설계자가 예산범위 내에서 설계를 완성하기 위해 실시하는 적산

③ 설계도서에 의한 적산 – 완성된 설계도서에 의한 적산

④ 입찰, 계약을 위한 적산 – 건설업체에서 입찰금액을 결정하고, 낙찰된 후 계약하기 위한 적산

⑤ 공사시공을 위한 적산 – 시공팀이 공사를 수행하기 위한 적산이며 실행예산이라고도 한다.

1.2 적산의 역할

적산은 설계도서에 따른 상세적산을 시행하여 공사비를 추정하는 업무로만 생각하기 쉬운데, 발주자는 예정가격이나 설계변경 등의 공사비를 사정하는 업무이고 수주자는 공사정보 입수나 공사수주 목표가 주목적으로만 이해해 왔으나, 최근의 적산은 이러한 사고방식을 탈피하여 다음과 같은 역할도 한다.

(1) 발주자

공사계획, 예산 작성(공사금액 증감으로 시스템 결정시 활용), 설계에 의한 예정가격 확인, 발주시 예정가격 작성, 공사 중의 기성고 지불, 설계변경 금액 산출 등에 있어서 중요한 역할을 한다.

1) 발주자의 적산

① 계획예산의 적산

건축주가 공사를 계획할 때 건물의 전체비용을 알기 위한 적산으로 전문기술자의 개략 산출과 유사한 형태로 완성된 기존 건축물 등의 자료를 통하여 결정하는 가장 개략적인 내용이다.

② 발주 예정가격 산출용 적산

계획예산을 정하고 설계자는 그 예산을 기본으로 설계를 진행하며 설계도서, 시방서, 현장설명서 등이 완성된 단계에서 산출하는 적산이다. 이는 발주자가 공사를 발주하기 위해 공사비를 정하는 적산이기 때문에 전문기술자에 의해 설계도서 내용의 세부사항에 이르기까지 정확한 물량 산출과 적정한 가격에 의해 적산되어야 한다.

(2) 수주자

공사의 수주, 공사 실행예산 작성, 자재나 장비 구입, 인원계획, 외주공사 및 하도급 지불, 기성고 신청 등으로 자금계획을 수립할 수 있어 효율적인 현장운영관리가 가능하고 또한 도급내역과 실행예산을 비교·분석하여 사업성과 분석 및 다음

공사의 수주나 실행 자료로 활용할 수 있으며, 기업 경영상의 이익 확보에 중요한 역할을 한다.

① 입찰 시의 적산

수주자가 입찰용 공사금액을 정하기 위해 이루어지는 적산으로, 발주자가 제시한 설계도서에 준하여 수주자의 적산양식으로 수량을 산출하고, 시장가격 등에 따라 공사비를 결정하여 입찰 시 제출하는 적산을 말한다.

② 계약 시의 적산

시공업자가 공사도급계약을 할 때 제출하는 공사비 내역명세서를 작성하기 위한 적산이다. 입찰 결과 시공업자와 공사금액이 결정되면 발주자로부터 계약용으로 상기 내역명세서의 제출을 요구받게 된다. 이는 입찰 시의 견적서를 발주자 측의 내역서 양식에 맞추어 다시 작성하는 것으로, 공사 중 기성고 지불의 사정, 설계변경에 의한 증감금액 이유, 자산평가, 세무처리 등에 필요한 서류인 것이다.

③ 실행예산의 적산

시공업자가 공사를 실시하기 위해 현장대리인(현장소장)을 비롯한 공사 담당자를 정하고, 이들에 의해 실시계획을 세워 집행예산의 견적을 내는데, 이를 실행예산이라고 한다. 실행예산의 주목적은 현장시공에 있어 정확한 실제 투입비용을 산출하기 위함이다. 따라서 내역서 내용은 입찰 시 또는 계약 시의 견적과 다르며, 시공의 실제 상황에 맞게 상세히 작성되어야 한다.

④ 설계변경 공사비 적산

공사 도중 설계변경 사항이 발생하였을 경우, 당초 계약금액을 변경하기 위해 필요한 설계변경내역서를 작성하기 위한 것이다. 보통의 경우 설계변경 도서에 준하여 계약 시 제출된 내역서에 따라 변경항목에 대한 증감물량을 적산하여 제출내역서의 원래 단가 또는 시중가격에 따라 견적내고, 이에 따라 설계변경의 공사비를 산출한다. 한편, 설계변경으로 인하여 새로운 항목이 생겼을 경우의 단가는 시중가격에 따라 새로운 단가를 조사하여 견적낸다.

1.3 적산의 방법

건설공사의 견적은 설계에서 시공에 이르는 건설생산의 모든 단계에 걸쳐 여러 가지 방법으로 수행될 수 있다. 건설생산 단계에 따라 다양한 방법으로 산출된 견적은 서로 다른 용도와 제한조건을 갖는다. 이러한 견적방법은 견적의 기능, 정보의 정도, 설계의 진행 정도에 따라 개산견적과 상세견적 두 종류로 크게 분류할 수 있다.

1) 상세견적

상세견적은 완성된 설계도서에 따라 정확한 물량을 산출하여 집계·정리한 다음 공사의 실제 상황에 맞는 적절한 단가를 조사한 후 실행하는 견적이다. 상세견적은 발주자의 공사예정가격, 수주자의 공사입찰금액, 실행예산, 설계변경 등의 적산에 사용되며, 각각의 중요한 공사비를 결정하는 것으로서 정밀도가 가장 높은 내용이 요구된다(오차범위 ±1~2% 이내).

2) 개산견적

개산견적은 설계가 시작되기 전에 프로젝트의 실행가능성을 알아보거나 설계의 초기단계 또는 진행단계에서 여러 설계대안의 경제성을 평가하기 위하여 수행된다. 개산견적은 설계도면과 시방서가 준비되지 않은 상태에서 공사비를 예측하는 것이기 때문에 이전의 유사한 공사에서 얻을 수 있는 자료와 건설공사 참여자로부터 얻을 수 있는 정보를 토대로 견적자의 경험과 판단에 의해 수행된다.

개산견적에는 다음과 같은 방법이 있지만, 계획방침의 결정 정도, 설계도서와 시방서의 완성 정도, 입지조건, 공사기간 등에 따라 금액과 산출방법이 다르다(오차범위 ±5~10% 이내).

① 단위면적당 산출방법

건축의 종별, 규모에 준한 단위면적당 금액(원/평, 원/m^2)을 산출하는 방법은 공기조화, 위생설비 등 각 공사의 개략 산출을 필요로 하는 경우 그 건물의 종류별, 규모와 유사한 과거의 실시 건물 사례의 통계자료를 참조하고 물가변동을 고려하여 그 단가를 추정함으로써 그 단가를 건물 바닥면적에 곱하여 공사비를 산출하는 방법이다.

② 공사의 과목, 세목별로 산출하는 방법

공기조화설비의 공사비 개략 산출의 예를 들면, 냉온열원기기, 공기조화기, 덕트, 배관, 자동제어 등의 과목별로 개략부하, 풍량, 유량 등을 대상으로 과거 실시공사의 가장 근사적인 것을 선택하고, 그 실적 단가에 보정치로 보완한 추정단가에 의해 견적한다. 이 견적에 과목금액을 공사내용 정도에 따라 가감정리함으로써 공사비를 산출하는 방법이다.

1.4 예정가격 산정방식

예정가격이란 입찰 또는 계약체결 전에 낙찰자 및 계약금액 결정기준으로 삼기 위하여 미리 작성·비치하는 금액으로 산정방법은 다음과 같다.

(1) 원가계산에 의한 예정가격 산정방식

공공공사의 예정가격은 정부에서 제정한 표준품셈과 조달청 또는 기획재정부장관 등이 승인한 가격조사기관이 공표하는 자재단가, 노임단가 등을 근거로 원가계산방식에 의해 산정하고 있다. 표준품셈은 건설공사에 투입되는 공종별로 단위수량을 시공하는 데 소요되는 재료량, 노무량, 장비가동시간 등 실사를 통해 수치화한 자료로서 건설공사 특성상 다양성을 충분히 반영하지 못할 수도 있다.

① 현장여건에 따라 조정될 수 있는 품셈의 범위를 일률적으로 적용하는 등 운영상의 경직성으로 적정한 공사비 산정이 어려운 실정

② 표준품셈의 제·개정 시 시간과 노력이 많이 소요

③ 급속한 건설기술의 발전 및 시공법 변화에 충분히 대응하기 어려움

④ 경직된 적용으로 인해 신기술, 신공법 적용에 장애가 됨

이러한 복합적인 요인에 때문에 건설업체의 기술개발 의지를 약화시키는 요인이 되고 있다.

(2) 실적공사비에 의한 예정가격 산정방식

1) 영국, 독일 등 유럽국가와 미국의 일부 공공기관에서는 "공공공사 적산방식"이 미수행된 공사의 계약단가를 데이터베이스화하여 예정가격 결정기준으로 활용하

는 "실적공사비에 의한 적산방식"을 채택하고 있다. 이러한 실적공사비에 의한 적산방식은 시장가격을 적절하게 반영할 수 있으며 적산업무의 간소화 및 효율화를 도모할 수 있다.

2) 발주자가 제시한 시방, 품질 등을 만족시킬 수 있도록 입찰자(시공자)가 실제 공사를 수행하기 위해 요구되는 시간, 투입자재, 생산성, 노무계획, 공정계획 및 관리상 필요한 정보 등의 구체적인 작업방법을 고려하여 각종 자원(노무, 자재, 경비 등)들이 원가에 기업의 이윤을 고려할 수 있도록 산정한 단가를 발주기관별로 축적하여 향후 유사한 공사시 예정가격 산정의 기준단가로 활용한다는 개념이다. 즉 발주자가 산출내역서의 공사비 정보를 활용하여 향후 유사한 공사의 공사비를 예측하는 개념을 핵심으로 하고 있다.

3) 장점

실적공사비 적산방식의 장점은 다음과 같다.

① 시공기술 발전
② 경제상황 변화에 대한 융통성 있는 대응
③ 공사특성을 고려한 현실적 공사비 산정
④ 발주자의 적산업무 간소화

1.5 원가계산에 의한 공사비 총괄표 구성 및 계상방법

(1) 원가계산에 의한 공사비 총괄표 구성

공사원가계산 시 일반적인 공사비 총괄표 구성내용은 다음과 같다.

총 괄 표

공사명 : 년 월 일

비목 \ 구분		금액	구성비	비고
1. 자 재 비				
2. 노 무 비 직접노무비 간접노무비	○○ %			
소 계				
3. 경 비 직접경비 기타경비 산재보험료 수도광열비 운반비 기계경비 특허권사용료 기술료 연구개발비 품질관리비 가설료 지급임차료 보험료 복리후생비 보관비 외주가공비 안전관리비 소모품비 여비교통비·통신비 세금과공과 폐기물처리비 도서인쇄비 지급수수료 환경보전비 안전점검비 건설근로자퇴직공제부금비 고용보험료 기타법정경비				
소 계				
일반관리비[(재료비+노무비+경비)×( )%]				
이윤[(노무비+경비+일반관리비)×( )%]				
총 원 가				
공사손해보험료[(보험가입대상 공사부분의 총원가×( )%]				

※ ○○% 내용은 적용 제잡비율 명기

(2) 공사예정가격 산정 개요

<table>
<tr><th colspan="3">구분</th><th colspan="2">비목</th><th>성질</th><th>내용</th><th>산정방법</th></tr>
<tr><td rowspan="9">공사예정가격</td><td rowspan="8">총공사원가</td><td rowspan="6">순공사원가</td><td rowspan="2">재료비</td><td>직접재료비</td><td>공사목적물의 실체를 형성하는 물품의 가치</td><td>• 주요재료비–목적물의 기본적 구성형태
• 부분품비–원형대로 부착되어 조성 부분이 됨(부품, 외장재, 외주품)</td><td rowspan="2">• 거래실례가격 · 감정가격 · 견적가격×수량
• 재료 구입과정의 부대 경비 포함(운임, 보험료, 보관비 등)</td></tr>
<tr><td>간접재료비</td><td>목적물의 실체를 형성하지 않고 보조적으로 소비되는 물품의 가치</td><td>• 소모재료비–소모성 물품(기계오일, 접착제, 용접가스, 장갑)
• 소모공구, 기구, 비품비–소모성 기구(내용년수 1년 미만, 단위별 가격 10만 원 이하)
• 가설재료비–시공에 필요한 가설재 가치</td></tr>
<tr><td rowspan="2">노무비</td><td>직접노무비</td><td>공사현장에서 목적물 완성을 위해 직접 작업에 종사하는 노무자가 제공하는 노동력의 대가</td><td>• 기본급(정근수당, 가족수당, 위험수당 등 포함–정부 노임단가)</td><td>• 정부노임단가×품셈 산출 노무량</td></tr>
<tr><td>간접노무비</td><td>공사현장에서 직접 작업에 종사하지 않고 보조 작업에 종사하는 자가 제공하는 노동력의 대가(현장소장, 자재, 경리, 공무, 경비직 등)</td><td>• 제수당(시간외수당, 야간수당, 휴일수당 등)
• 상여금(연 400% 기준)
• 퇴직급여충당금(1년 근무 시 1개월분 급여 계상)</td><td>• 직접노무비×간접노무비율 – 원가계산 자료 활용, 공종별, 규모별, 기간별 고려하여 산정(13~17%)</td></tr>
<tr><td rowspan="2">경비</td><td>직접계상경비</td><td>소요량, 소비량 측정이 가능한 경비 : 품셈계약서, 관련법령 등에 의하여 계산이 가능한 비용</td><td>전력비, 운반비(재료 구입 후 운송, 하역, 상하차, 조작비 등), 기계경비(품셈), 특허권 사용료, 기술료, 품질관리비(시험비)
가설비(시공에 필요한 가설물 설치비용), 지급임차료(토지, 건물, 기계기구의 사용료), 보험료(산재보험료), 외주가공비, 안전관리비, 폐기물처리비(※ 환경보전비 기타 법정경비 : 아직 계상기준 및 방법 미정)</td><td>소요량×단가</td></tr>
<tr><td>승률계상경비</td><td>소요량 측정 등이 곤란하여 유사 원가계산 자료를 활용하여 비율산정 적용이 불가피한 경비</td><td>수도광열비, 연구개발비(직업훈련비), 복리후생비(약품치료비, 급식비), 소모품비(문방구, 장부대), 여비 · 교통 · 통신비, 세금과 공과(재산세, 차량세), 도서인쇄비(서적, 사진제작, VTR, 공사시공기록 책자 제작), 지급수수료</td><td>원가계산 자료상 해당 경비(재료비+노무비)에 대한 비율을 발주 목적물의 재료비+노무비에 곱함</td></tr>
<tr><td colspan="3">일반관리비
(5~6%)</td><td>기업 유지를 위한 관리 활동 부문 발생 제비용</td><td>임원급료, 본사 직원의 급료, 수당퇴직급여충당금, 복리후생비, 여비교통통신비, 수도광열비, 세금과공과, 지급임차료, 감가상각비, 운반비, 차량비, 보험료 등</td><td>공사원가×5~6%</td></tr>
<tr><td colspan="3">이 윤</td><td>영업이익</td><td></td><td>(노무비+경비+일반관리비)×15%</td></tr>
<tr><td colspan="6">부 가 가 치 세</td><td>총원가×10%</td></tr>
</table>

1.6 예정가격 작성기준 적용

[시행 2016.1.1][기획재정부계약예규 제281호, 2016.1.1, 일부개정]

제3절 공사원가계산

제15조 (공사원가) 공사원가라 함은 공사시공과정에서 발생한 재료비, 노무비, 경비의 합계액을 말한다.

제16조 (작성방법) 계약담당공무원은 공사원가계산을 하고자 할 때에는 별표2의 공사원가계산서를 작성하고 비목별 산출근거를 명시한 기초계산서를 첨부하여야 한다. 이 경우 재료비, 노무비, 경비 중 일부를 별표2의 공사원가계산서상 일반관리비 또는 이윤 다음 비목으로 계상하여서는 아니된다.

제17조 (재료비) 재료비는 공사원가를 구성하는 다음 내용의 직접재료비 및 간접재료비로 한다.

① 직접재료비는 공사목적물의 실체를 형성하는 물품의 가치로서 다음 각호를 말한다.

1. 주요재료비
   공사목적물의 기본적 구성형태를 이루는 물품의 가치
2. 부분품비
   공사목적물에 원형대로 부착되어 그 조성 부분이 되는 매입부품, 수입부품, 외장재료 및 제19조제3항제13호에 의해 경비로 계상되는 것을 제외한 외주품의 가치

② 간접재료비는 공사목적물의 실체를 형성하지는 않으나 공사에 보조적으로 소비되는 물품의 가치로서 다음 각호를 말한다.

1. 소모재료비
   기계오일 · 접착제 · 용접가스 · 장갑 등 소모성 물품의 가치
2. 소모공구 · 기구 · 비품비
   내용년수 1년 미만으로서 구입단가가 「법인세법」 또는 「소득세법」 규정에 의한 상당금액 이하인 감가상각대상에서 제외되는 소모성 공구 · 기구 · 비품의 가치

3. 가설재료비
비계, 거푸집, 동바리 등 공사목적물의 실체를 형성하는 것은 아니지만 동 시공을 위하여 필요한 가설재의 가치

③ 재료의 구입과정에서 해당 재료에 직접 관련되어 발생하는 운임, 보험료, 보관비 등의 부대비용은 재료비에 계상한다. 다만, 재료구입 후 발생하는 부대비용은 경비의 각 비목으로 계상한다.

④ 계약목적물의 시공중에 발생하는 작업설, 부산물 등은 그 매각액 또는 이용가치를 추산하여 재료비에서 공제하여야 한다.

제18조 (노무비) 노무비의 내용 및 산정방식은 제5조와 제10조를 준용하며, 간접노무비의 구체적인 계산방법 등에 대하여 별표 2-1를 참고하여 계산한다.

제19조 (경비)

① 경비는 공사의 시공을 위하여 소요되는 공사원가 중 재료비, 노무비를 제외한 원가를 말하며, 기업의 유지를 위한 관리활동 부문에서 발생하는 일반관리비와 구분된다.

② 경비는 해당 계약목적물 시공기간의 소요(소비)량을 측정하거나 제34조에 의한 원가계산 자료 및 계약서, 영수증 등을 근거로 산정하여야 한다.

③ 경비의 세비목은 다음 각호의 것으로 한다.

1. 전력비, 수도광열비는 계약목적물을 시공하는데 소요되는 해당 비용을 말한다.
2. 운반비는 재료비에 포함되지 않은 운반비로서 원재료, 반재료 또는 기계기구의 운송비, 하역비, 상하차비, 조작비 등을 말한다.
3. 기계경비는 각 중앙관서의 장 또는 그가 지정하는 단체에서 제정한 '표준품셈'상의 건설기계 경비산정기준에 의한 비용을 말한다.
4. 특허권사용료는 타인 소유의 특허권을 사용한 경우에 지급되는 사용료로서 그 사용 비례에 따라 계산한다.
5. 기술료는 해당 계약목적물을 시공하는 데 직접 필요한 노하우(know-how) 및 동 부대비용으로 외부에 지급되는 비용을 말하며, 「법인세법」상의 시험연구비 등에서 정한 바에 따라 계상하여 사업초년도부터 이연상각하되 그 사용 비례를 기준으로 배분계산한다.
6. 연구개발비는 해당 계약목적물을 시공하는 데 직접 필요한 기술개발 및 연구비로서 시험 및 시범제작에 소요된 비용 또는 연구기관에 의뢰한 기술개

발 용역비와 법령에 의한 기술개발촉진비 및 직업훈련비를 말하며, 「법인세법」상의 시험연구비 등에서 정한 바에 따라 이연상각하되 그 사용 비례를 기준하여 배분계산한다. 다만, 연구개발비 중 장래 계속 시공으로서의 연결이 불확실하여 미래 수익 증가와 관련이 없는 비용은 특별상각할 수 있다.

7. 품질관리비는 해당 계약목적물의 품질관리를 위하여 관련법령 및 계약조건에 의하여 요구되는 비용(품질시험 인건비를 포함한다)을 말하며, 간접노무비에 계상(시험관리인)되는 것은 제외한다.
8. 가설비는 공사목적물의 실체를 형성하는 것은 아니지만 현장사무소, 창고, 식당, 숙사, 화장실 등 동 시공을 위하여 필요한 가설물 설치에 소요되는 비용(노무비, 재료비 포함)을 말한다.
9. 지급임차료는 계약목적물을 시공하는데 직접 사용되거나 제공되는 토지, 건물, 기계기구(건설기계 제외)의 사용료를 말한다.
10. 보험료는 산업재해보험, 고용보험, 국민건강보험 및 국민연금보험 등 법령이나 계약조건에 의하여 의무적으로 가입이 요구되는 보험의 보험료를 말하고, 동 보험료는 「건설산업기본법」 제22조제7항 등 관련법령에 정한 바에 따라 계상하며, 재료비에 계상되는 보험료는 제외한다. 다만, 공사손해보험료는 제22조에서 정한 바에 따라 별도로 계상된다. 〈개정 2015.9.21〉
11. 복리후생비는 계약목적물을 시공하는데 종사하는 노무자·종업원·현장사무소 직원 등의 의료위생약품대, 공상치료비, 지급피복비, 건강진단비, 급식비 등 작업조건 유지에 직접 관련되는 복리후생비를 말한다.
12. 보관비는 계약목적물의 시공에 소요되는 재료, 기자재 등의 창고사용료로서 외부에 지급되는 비용만을 계상하여야 하며, 이중에서 재료비에 계상되는 것은 제외한다.
13. 외주가공비는 재료를 외부에 가공시키는 실가공비용을 말하며, 외주가공품의 가치로서 재료비에 계상되는 것은 제외한다.
14. 산업안전보건관리비는 작업현장에서 산업재해 및 건강장해 예방을 위하여 법령에 따라 요구되는 비용을 말한다.
15. 소모품비는 작업현장에서 발생하는 문방구, 장부대 등 소모용품 구입비용을 말하며, 보조재료로서 재료비에 계상되는 것은 제외한다.
16. 여비·교통비·통신비는 시공현장에서 직접 소요되는 여비 및 차량유지비와 전신전화사용료, 우편료를 말한다.

17. 세금과공과는 시공현장에서 해당공사와 직접 관련되어 부담하여야 할 재산세, 차량세, 사업소세 등의 세금 및 공공단체에 납부하는 공과금을 말한다.
18. 폐기물처리비는 계약목적물의 시공과 관련하여 발생되는 오물, 잔재물, 폐유, 폐알칼리, 폐고무, 폐합성수지 등 공해유발물질을 법령에 의거 처리하기 위하여 소요되는 비용을 말한다.
19. 도서인쇄비는 계약목적물의 시공을 위한 참고서적구입비, 각종 인쇄비, 사진 제작비(VTR 제작비 포함) 및 공사시공기록책자 제작비 등을 말한다.
20. 지급수수료는 시행령 제52조제1항 단서에 의한 공사이행보증서 발급수수료, 「건설산업기본법」 제34조 및 「하도급거래 공정화에 관한 법률」 제13조의 2의 규정에 의한 건설하도급대금 지급보증서 발급수수료, 「건설산업기본법」 제68 조의3에 의한 건설기계 대여대금 지급보증 수수료 등 법령으로서 지급이 의무화된 수수료를 말한다. 이 경우 보증서 발급수수료는 보증서 발급기관이 최고 등급업체에 대해 적용하는 보증요율 중 최저요율을 적용하여 계상한다. 〈개정 2015.9.21〉
21. 환경보전비는 계약목적물의 시공을 위한 제반 환경오염 방지시설을 위한 것으로서 관련법령에 의하여 규정되어 있거나 의무적인 비용을 말한다.
22. 보상비는 해당 공사로 인해 공사현장에 인접한 도로, 하천·기타 재산에 훼손을 가하거나 지장물을 철거함에 따라 발생하는 보상·보수비를 말한다. 다만, 해당공사를 위한 용지보상비는 제외한다.
23. 안전관리비는 건설공사의 안전관리를 위하여 관계법령에 의하여 요구되는 비용을 말한다.
24. 건설근로자퇴직공제부금비는 「건설근로자의 고용개선 등에 관한 법률」에 의하여 건설근로자퇴직공제에 가입하는데 소요되는 비용을 말한다. 다만, 제10조제1항제4호 및 제18조에 의하여 퇴직급여충당금을 산정하여 계상한 경우에는 동 금액을 제외한다.
25. 관급자재 관리비는 공사현장에서 사용될 관급자재에 대한 보관 및 관리 등에 소요되는 비용을 말한다. 〈신설 2015.1.1.〉
26. 기타 법정경비는 위에서 열거한 이외의 것으로서 법령에 규정되어 있거나 의무적인 경비를 말한다.

제20조 (일반관리비) 일반관리비의 내용은 제12조와 같고 별표 3에서 정한 일반관리비율을 초과하여 계상할 수 없으며, 다음과 같이 공사규모별로 체감 적용한다. 〈개정 2011.5.13, 2015.9.21〉

종합공사		전문 · 전기 · 정보통신 · 소방 및 기타 공사	
공사원가	일반관리비율	공사원가	일반관리비율
50억 원 미만	6.0%	50억원 미만	6.0%
50억 원~300억 원 미만	5.5%	50억원~300억원 미만	5.5%
300억 원 이상	5.0%	300억원 이상	5.0%

제21조 (이윤) 이윤은 영업이익을 말하며 공사원가 중 노무비, 경비와 일반관리비의 합계액(이 경우에 기술료 및 외주가공비는 제외한다)의 15%를 초과하여 계상할 수 없다.

제22조 (공사손해보험료)

① 공사손해보험료는 계약예규 「공사계약 일반조건」 제10조에 의하여 공사손해보험에 가입할 때 지급하는 보험료를 말하며, 보험가입 대상 공사 부분의 총공사 원가(재료비, 노무비, 경비, 일반관리비 및 이윤의 합계액을 말한다. 이하 같다)에 공사손해 보험료율을 곱하여 계상한다.

② 발주기관이 지급하는 관급자재가 있을 경우에는 보험가입 대상 공사 부분의 총공사원가와 관급자재를 합한 금액에 공사손해보험료율을 곱하여 계상한다.

③ 제1항에 의한 공사손해보험료를 계상하기 위한 공사손해보험료율은 계약담당 공무원이 설계서와 보험개발원, 손해보험회사 등으로부터 제공받은 자료를 기초로 하여 정한다.

Chapter 2

건축기계설비공사 품셈

Practices of Building Facilities Cost Estimation

공통공사 1

1.1 배관공사

(1) 슬리브 설치 (2013년 신설)

(개소당)

규격	바 닥		벽 체	
	배관공(인)	보통인부(인)	배관공(인)	보통인부(인)
ø25 ~ 50	0.043	0.022	0.060	0.012
65 ~ 100	0.055	0.029	0.069	0.018
125 ~ 150	0.066	0.035	0.085	0.029
200 ~ 250	0.077	0.041	0.104	0.047
300 ~ 400	0.089	0.047	0.124	0.072

주) ① 본 품은 배관 사전작업으로 먹줄치기, 마킹, 소운반, 슬리브 설치를 포함한다.

바닥슬래브용 PVC 슬리브

가스 입상관 슬리브

(2) 금속관 배관 (2013년 보완)

1) 강관배관

가. 용접식 (2004년 보완, 2013년 보완, 2015년 보완)

① 배관

(m 당)

규격(mm)	배관공(인)	보통인부(인)	규격(mm)	배관공(인)	보통인부(인)
ø15	0.029	0.022	100	0.155	0.065
20	0.033	0.023	125	0.200	0.081
25	0.043	0.026	150	0.236	0.093
32	0.051	0.029	200	0.365	0.138
40	0.057	0.031	250	0.489	0.181
50	0.074	0.037	300	0.634	0.232
65	0.088	0.042	350	0.765	0.277
80	0.113	0.051	400	0.907	0.327

비고 - 화장실 배관은 본 품에 20%, 기계실 배관은 본 품의 30%를 가산한다.
- 옥외배관(암거내)은 본 품에 10%를 감한다.

주) ① 본 품은 배관용 탄소강관(KS D 3507)의 옥내 일반배관 기준이다.
② 본 품은 인서트(거푸집용 인서트 기준이며, 현장여건에 따라 콘크리트용 인서트를 사용할 경우 건축부문 '14-6 인서트' 적용), 지지철물 설치, 소운반, 절단, 배관(가용접), 배관시험을 포함한다.
③ 단열 지지대 및 관 지지대 설치 시에는 별도 계상한다.
④ 밸브류 설치품은 "1-2-1 밸브 및 콕류"를 적용하고, 관이음부속류의 설치품은 본 품에 포함되어 있으며, 용접접합품은 별도 계상한다.

② 용접접합(2013년 보완)

(용접개소당)

규격(mm)	용접공(인)	규격(mm)	용접공(인)
ø15	0.036	100	0.152
20	0.043	125	0.184
25	0.052	150	0.216
32	0.062	200	0.281
40	0.070	250	0.345
50	0.085	300	0.409
65	0.105	350	0.456
80	0.121	400	0.519

주) ① 본 품은 아크용접으로 강관을 접합하는 품이다.
② 용접접합에 필요한 부자재는 별도계상한다.

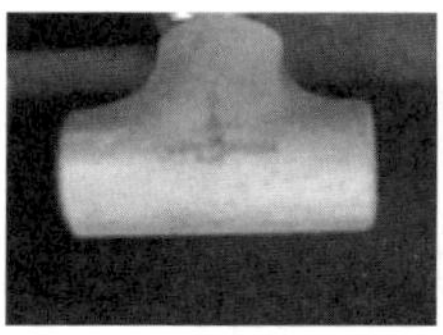
용접용(백) 티

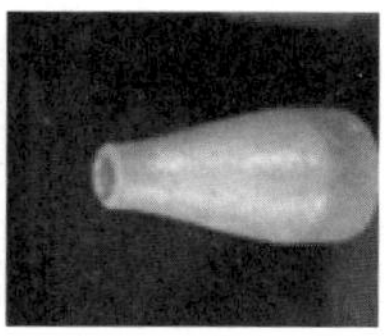
리듀서

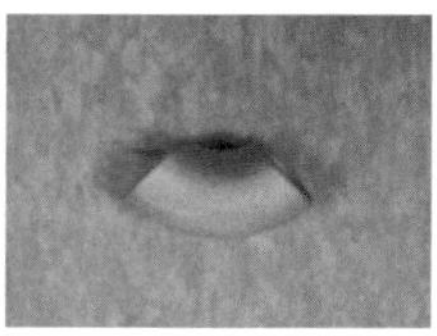
엘보

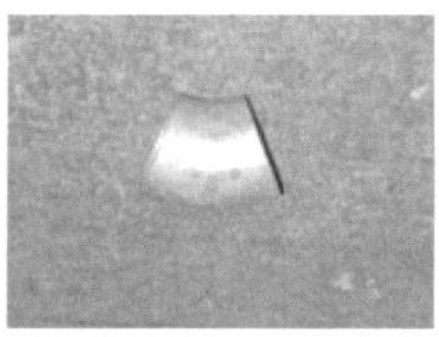
45도 엘보

관 부속류(fittings)

나. 나사식(2017년)

(m 당)

규격(mm)	배관공(인)	보통인부(인)
ø15	0.033	0.029
20	0.038	0.030
25	0.051	0.034
32	0.062	0.037
40	0.069	0.039
50	0.092	0.046

비 고 - 화장실 배관은 본 품에 20%, 기계실 배관은 본 품의 30%를 가산한다.
- 옥외배관(암거내)은 본 품에 10%를 감한다.

주) ① 본 품은 배관용 탄소강관(KS D 3507)의 옥내 일반배관 기준이다.
② 본 품은 인서트(거푸집용 인서트 기준이며, 현장여건에 따라 콘크리트용 인서트를 사용할 경우 건축부문 '14-6 인서트' 적용), 지지철물 설치, 소운반, 절단, 나사홈가공, 배관 및 나사접합, 배관시험을 포함한다.
③ 단열 지지대 및 관 지지대 설치 시에는 별도 계상한다.
④ 밸브류 설치품은 '1-2-1 밸브 및 콕류'를 적용하고, 관이음부속품의 설치품은 본 품에 포함되어 있다.

(a) 엘보 (b) 티 (c) 리듀서 (d) 부싱

(e) 캡 (f) 프리그 (g) 소켓 (h) 유니온 (i) 플랜지

배관부속품

인서트, 먹줄치기, 상자 넣기 및 슬리브 설치

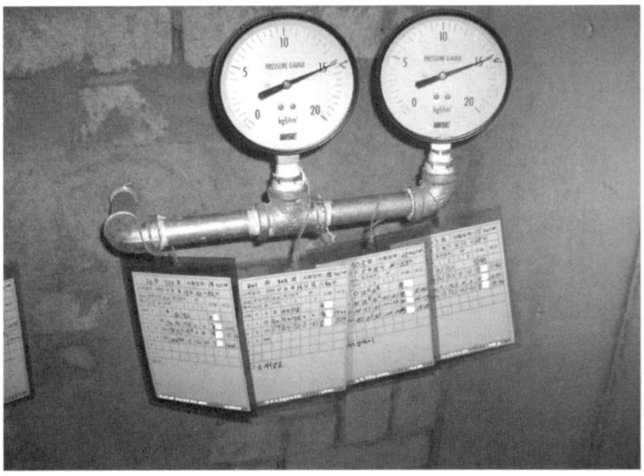

세대별 수압시험

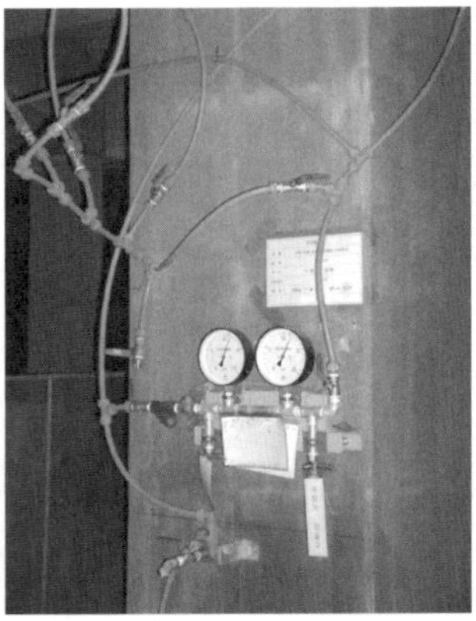

지하층 수압시험

다. 그루브 조인트식(Groove Joint) (2013년 보완)

(m 당)

규격(mm)	배관공(인)	보통인부(인)	규격(mm)	배관공(인)	보통인부(인)
ø25	0.049	0.026	200	0.444	0.116
32	0.061	0.030	250	0.582	0.139
40	0.069	0.032	300	0.742	0.154
50	0.093	0.040	350	0.893	0.178
65	0.112	0.045	400	1.056	0.204
80	0.145	0.054	450	1.187	0.225
100	0.219	0.067	500	1.318	0.246
125	0.260	0.079	550	1.444	0.266
150	0.322	0.088	600	1.576	0.287

비고 - 화장실 배관은 본 품에 20%, 기계실 배관은 본 품의 30%를 가산한다.
- 옥외배관(암거내)은 본 품에 10%를 감한다.

주) ① 본 품은 배관용 탄소강관(KS D 3507) 및 배관용 스테인리스 강관(KSD 3576)의 옥내 일반배관 기준이다.
② 본 품은 인서트(거푸집용 인서트 기준이며, 현장여건에 따라 콘크리트용 인서트를 사용할 경우 건축부문 '14-6 인서트' 적용), 지지철물 설치, 소운반, 절단, 그루브 홈가공, 배관 및 그루브 접합, 배관시험을 포함한다.
③ 단열 지지대 및 관 지지대 설치 시에는 별도 계상한다.
④ 밸브류 설치품은 '1-2-1 밸브 및 콕류'를 적용하고, 관이음부속류의 설치품은 본 품에 포함되어 있다.

펌프 주위 그루브 조인트 배관

2) 동관 배관

가. 배관

(m 당)

규격(mm)	배관공(인)	보통인부(인)	규격(mm)	배관공(인)	보통인부(인)
ø8	0.021	0.010	65	0.083	0.047
10	0.023	0.013	80	0.104	0.059
15	0.026	0.016	100	0.143	0.077
20	0.030	0.020	125	0.180	0.093
25	0.036	0.025	150	0.218	0.109
32	0.044	0.029	200	0.330	0.154
40	0.052	0.033	250	0.442	0.195
50	0.069	0.042			

비고 - 화장실 배관은 본 품에 20%, 기계실 배관은 본 품의 30%를 가산한다.
- 옥외배관(암거내)은 본 품에 10%를 감한다.

주) ① 본 품은 이음매 없는 구리합금관(KS D 5301)의 옥내 일반배관 기준이다.
② 본 품은 인서트(거푸집용 인서트 기준이며, 현장여건에 따라 콘크리트용 인서트를 사용할 경우 건축부문 '14-6 인서트' 적용), 지지철물 설치, 소운반, 절단, 배관(가용접), 배관시험을 포함한다.
③ 단열 지지대 및 관 지지대 설치 시에는 별도 계상한다.
④ 밸브류 설치품은 "1-2-1 밸브 및 콕류"를 적용하고, 관이음부속류의 설치품은 본 품에 포함되어 있으며, 용접접합품은 별도 계상한다.

나. 용접접합

(용접개소당)

규격(mm)	용접공(인)	규격(mm)	용접공(인)
ø8	0.114	65	0.089
10	0.018	80	0.105
15	0.022	100	0.137
20	0.030	125	0.169
25	0.038	150	0.201
32	0.045	200	0.265
40	0.053	250	0.329
50	0.067		

주) ① 본 품은 브레이징(Brazing)용접으로 동관을 접합하는 품이다.

참고자료

Brazing 용접 소모재료

(용접개소당)

규격(mm)	용접봉(g)	플럭스(g)	산소(L)	아세틸렌(g)
ϕ6	0.3	0.05	2.5	3.8
8	0.5	0.08	4.0	4.5
10	0.8	0.11	5.4	5.9

표 계속 (용접개소당)

규격(mm)	용접봉(g)	플럭스(g)	산소(L)	아세틸렌(g)
15	1.2	0.15	7.5	8.0
16	1.8	0.22	10.8	11.4
20	2.5	0.32	15.8	16.5
25	4.0	0.49	19.0	20.2
32	5.2	0.65	27.2	28.6
40	6.9	0.86	35.0	37.0
50	11.2	1.4	45.8	48.6
65	15.4	1.92	57.9	61.3
80	21.0	2.62	80.8	85.4
100	36.6	4.58	127.8	135.0
125	56.3	7.02	158.8	167.7
150	78.9	9.89	254.0	268.3
200	173.5	13.25	615.7	650.5

※ 산소량은 대기압상태의 기준량이며, 압축산소는 35℃에서 150기압으로 압축용기에 넣어 사용하는 것을 기준한다.

45° 엘보

티(Tee)

90° 엘보

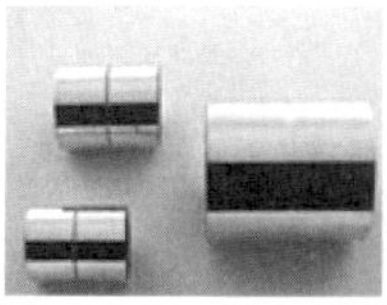
소켓

리듀서

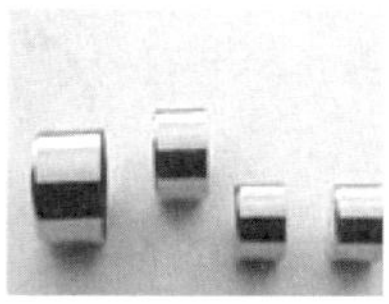
캡(cap)

동 부속류

C×M 어댑터

C×F 어댑터

C×M 엘보

C×F 엘보

F×F 엘보

C×C×F 티

황동 부속류

동관배관(기계실)

동관배관(화장실)

3) 스테인리스강관 배관

가. 프레스식

(m 당)

규격(mm)	배관공(인)	보통인부(인)	규격(mm)	배관공(인)	보통인부(인)
13SU	0.034	0.017	50	0.084	0.043
20	0.045	0.023	60	0.109	0.057
25	0.053	0.027	75	0.126	0.066
30	0.067	0.034	80	0.165	0.087
40	0.078	0.040	100	0.192	0.102

비고 - 화장실 배관은 본 품에 20%, 기계실 배관은 본 품의 30%를 가산한다.
- 옥외배관(암거내)은 본 품에 10%를 감한다.

주) ① 본 품은 일반 배관용 스테인리스 강관(KS D 3595)의 옥내 일반배관 기준이다.
② 본 품은 인서트(거푸집용 인서트 기준이며, 현장여건에 따라 콘크리트용 인서트를 사용할 경우 건축부문 '14-6 인서트' 적용), 지지철물 설치, 소운반, 절단, 배관 및 프레스 접합, 배관시험을 포함한다.
③ 단열 지지대 및 관 지지대 설치 시에는 별도 계상한다.
④ 밸브류 설치품은 '1-2-1 밸브 및 콕류'를 적용하고, 관이음부속류의 설치품은 본 품에 포함되어 있으며, 용접접합품은 별도 계상한다.
⑤ Bending가공이 필요한 경우에는 별도 계상한다.

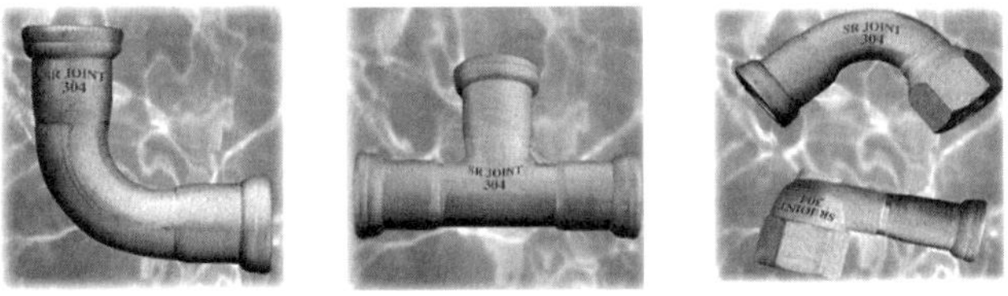

프레스접합식 부속

나. 용접식

① 배관

(m 당)

규격(mm)	배관공(인)	보통인부(인)	규격(mm)	배관공(인)	보통인부(인)
ø6	0.020	0.013	65	0.097	0.040
8	0.021	0.013	80	0.110	0.045
10	0.026	0.014	90	0.144	0.060
15	0.028	0.015	100	0.158	0.066
20	0.033	0.017	125	0.211	0.088
25	0.048	0.022	150	0.240	0.101
32	0.059	0.025	200	0.341	0.135
40	0.065	0.027	250	0.458	0.187
50	0.079	0.032	300	0.618	0.231

비고 - 화장실 배관은 본 품에 20%, 기계실 배관은 본 품의 30%를 가산한다.
- 옥외배관(암거내)은 본 품에 10%를 감한다.

주) ① 본 품은 배관용 스테인리스 강관(KS D 3576)의 옥내일반배관 기준이다.
② 본 품은 인서트(거푸집용 인서트 기준이며, 현장여건에 따라 콘크리트용 인서트를 사용할 경우 건축부문 '14-6 인서트' 적용), 지지철물 설치, 소운반, 절단, 배관(가용접), 배관시험을 포함한다.
③ 단열 지지대 및 관 지지대 설치 시에는 별도 계상한다.
④ 밸브류 설치품은 "1-2-1 밸브 및 콕류"를 적용하고, 관이음부속류의 설치품은 본 품에 포함되어 있으며, 용접접합품은 별도 계상한다.
⑤ Bending가공이 필요한 경우에는 별도 계상한다.

② 용접접합

(용접개소당)

규격(mm)	용접공(인)	규격(mm)	용접공(인)
ø6	0.036	65	0.119
8	0.040	80	0.135
10	0.045	90	0.151
15	0.050	100	0.167
20	0.057	125	0.199
25	0.066	150	0.231
32	0.077	200	0.295
40	0.084	250	0.359
50	0.099	300	0.423

주) ① 본 품은 아르곤용접으로 스테인리스 강관을 접합하는 품이다.

참고자료

아르곤용접 소모재료

(용접개소당)

규격(mm)	용접봉(kg)	Argon(ℓ)
ø15	0.007	64
20	0.013	95
25	0.020	129
40	0.040	191
50	0.055	265
65	0.168	343
80	0.213	430
90	0.257	565
100	0.313	699
125	0.443	1,098
150	0.601	1,285
200	1.007	2,170
250	1.455	3,060
300	2.070	3,945

스테인리스 용접식 배관공사(일반)

스테인리스 용접식 배관공사(화장실)

다. 스테인리스 주름관

(m 당)

규격(mm)	배관공(인)	보통인부(인)
ϕ15	0.034	0.027

주) ① 본 품은 스테인리스 주름관의 옥내 일반배관 기준이다.
② 본 품은 인서트(거푸집용 인서트 기준이며, 현장여건에 따라 콘크리트용 인서트를 사용할 경우 건축부문 '14-6 인서트' 적용), 지지철물 설치, 소운반, 절단, 배관 및 접합, 배관시험을 포함한다.
③ 단열 지지대 및 관 지지대 설치 시에는 별도 계상한다.

4) 주철관 배관

가. 기계식 접합(Mechanical Joint)

(접합 개소당)

규격(mm)	배관공(인)	보통인부(인)
ø50	0.152	0.081
65	0.193	0.089
75	0.219	0.094
100	0.287	0.107
125	0.352	0.120
150	0.399	0.130
200	0.523	0.154
비고 - 철거는 신설의 50%(재사용을 고려치 않을 때)로 계상한다.		

주) ① 본 품은 배수용 주철관(KS D 4307)의 옥내 천장배관 기준이다.
② 본 품은 인서트(거푸집용 인서트 기준이며, 현장여건에 따라 콘크리트용 인서트를 사용할 경우 건축부문 '14-6 인서트' 적용), 지지철물 설치, 소운반, 절단, 배관 및 접합, 배관시험을 포함한다.
③ 단열 지지대 및 관 지지대 설치시에는 별도 계상한다.

기계식 접합(플랜지이음)

지하층 주철관 배관(플랜지이음)

나. 수밀밴드접합

(접합 개소당)

규격(mm)	배관공(인)	보통인부(인)
ø50	0.143	0.066
65	0.175	0.083
75	0.196	0.094
100	0.248	0.122
125	0.300	0.150
150	0.353	0.178
200	0.434	0.220

주) ① 본 품은 배수용 주철관(KS D 4307)의 노허브(no-hub)관 접합 기준이다.
② 본 품은 옥내 천장배관 기준이다.
③ 본 품은 인서트(거푸집용 인서트 기준이며, 현장여건에 따라 콘크리트용 인서트를 사용할 경우 건축부문 '14-6 인서트' 적용), 지지철물 설치, 소운반, 절단, 배관 및 접합, 배관시험을 포함한다.
④ 단열 지지대 및 관 지지대 설치시에는 별도 계상한다.

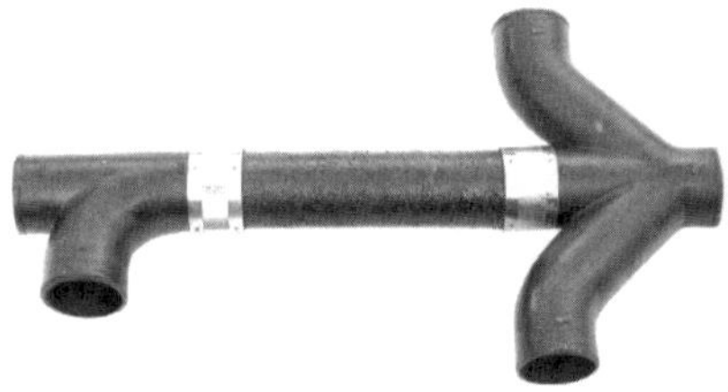

수밀밴드접합(노허브이음)

노허브이음 시공

(3) 비금속관 배관 (2013년 보완)

1) 경질관 배관

가. 접착제 접합(T.S식)

(m 당)

규격(mm)	배관공(인)	보통인부(인)	규격(mm)	배관공(인)	보통인부(인)
ø25	0.047	0.037	75	0.117	0.063
30	0.054	0.040	100	0.147	0.074
35	0.060	0.041	125	0.178	0.085
40	0.067	0.043	150	0.207	0.093
50	0.086	0.047	200	0.266	0.112
65	0.104	0.059			

주) ① 본 품은 일반용 경질 폴리염화 비닐관(KS M 3404)의 옥내 일반배관 기준이다.
② 본 품은 인서트(거푸집용 인서트 기준이며, 현장여건에 따라 콘크리트용 인서트를 사용할 경우 건축부문 '14-6 인서트' 적용), 지지물 설치, 소운반, 절단, 배관 및 접합, 배관시험을 포함한다.
③ 단열 지지대 및 관 지지대 설치시에는 별도 계상한다.

나. 소켓 접합

(m 당)

규격(mm)	배관공(인)	보통인부(인)	규격(mm)	배관공(인)	보통인부(인)
ø10	0.021	0.011	50	0.034	0.018
13	0.021	0.012	65	0.038	0.021
16	0.022	0.012	75	0.049	0.026
20	0.023	0.013	100	0.064	0.034
25	0.025	0.014	125	0.075	0.041
30	0.026	0.014	150	0.094	0.051
35	0.027	0.015	200	0.118	0.064
40	0.029	0.016			

주) ① 본 품은 일반용 경질 폴리염화 비닐관(KS M 3404)의 옥내 일반배관 기준이다.
② 본 품은 인서트(거푸집용 인서트 기준이며, 현장여건에 따라 콘크리트용 인서트를 사용할 경우 건축부문 '14-6 인서트' 적용), 지지물 설치, 소운반, 절단, 배관 및 접합, 배관시험을 포함한다.
③ 단열 지지대 및 관 지지대 설치시에는 별도 계상한다.

PVC 배관(오피스)

PVC 배관(아파트)

2) 연질관 배관

가. 폴리부틸렌(PB)관

① 일반 배관

(m 당)

규격(mm)	배관공(인)	보통인부(인)
ø16	0.038	0.015
20	0.042	0.017

주) ① 본 품은 폴리부틸렌(PB)관(KS M 3363)의 급수, 급탕용 배관을 기준한 것이다.
② 본 품은 절단, 소운반, 배관 및 고정철물 설치, 접합, 배관시험을 포함한다.

② 이중관 배관

(m 당)

규격(mm)	배관공(인)	보통인부(인)
ø16	0.048	0.021
20	0.053	0.023

주) ① 본 품은 합성수지제 휨(가요) 전선관(KS C 8454) 중 CD(Combine Duct)관 내에 폴리부틸렌(PB)관이 삽입된 이중관의 옥내 바닥관을 기준한 것이다.
② 본 품은 절단, 소운반, 배관 및 고정철물 설치, 접합, 배관시험을 포함한다.

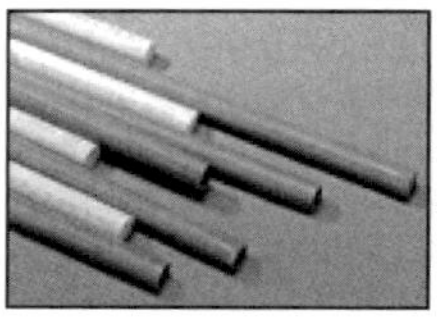

직관

소켓

엘보

티

이중관 배관 콘크리트 타설 전

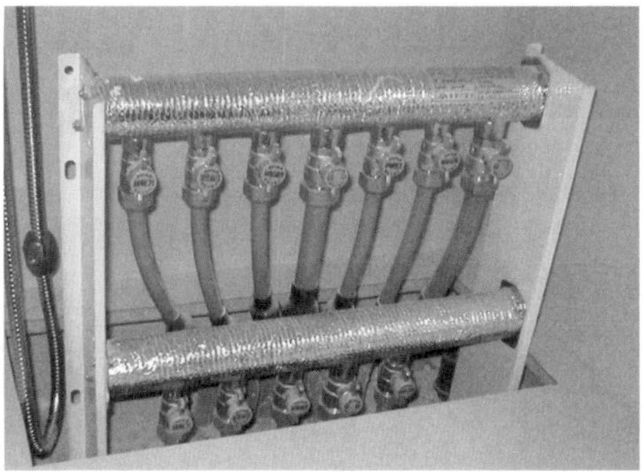

급수/급탕분배기

나. 가교화 폴리에틸렌관

(m 당)

규격(mm)	배관공(인)	보통인부(인)
ø16	0.029	0.014
20	0.036	0.018

주) ① 본 품은 가교화 폴리에틸렌(PE-X)관 (KS M 3357)의 옥내난방배관 기준이다.
② 본 품은 절단, 소운반, 배관 및 고정철물 설치, 접합, 배관시험을 포함한다.

코일 설치(방바닥)

코일 설치(휴게실 바닥)

1.2 배관부속품 및 밸브 장치 설치

(1) 밸브 및 콕류

1) 일반밸브 및 콕류 설치

(개 당)

규격(mm)	배관공(인)	보통인부(인)	규격(mm)	배관공(인)	보통인부(인)
ø15 ~ 25	0.050	–	125	0.278	0.121
32 ~ 50	0.074	–	150	0.343	0.147
65	0.108	0.073	200	0.471	0.188
80	0.141	0.083	250	0.616	0.230
100	0.214	0.105	300	0.788	0.261
비고 – 철거는 신설의 50%(재사용 미 고려시), 60%(재사용 고려시)로 계상한다.					

주) ① 본 품은 설치 위치 선정, 소운반, 설치, 작동시험 및 마무리 작업이 포함되어 있다.

밸브류(게이트, 체크, 스트레이너 등)

2) 감압밸브장치 설치

(조당)

규격(mm)	배관공(인)	보통인부(인)	규격(mm)	배관공(인)	보통인부(인)
ø15	2.084	0.212	65	5.477	1.047
20	2.527	0.295	80	6.224	1.297
25	2.934	0.379	100	7.220	1.631
32	3.462	0.496	125	8.465	2.049
40	4.020	0.629	150	9.710	2.466
50	4.668	0.796	200	11.815	3.301
비고 – 밸런스 파이프를 필요로 할 경우에는 30%를 가산한다. – 철거는 신설의 50%(재사용을 고려치 않을 때)로 계상한다.					

주) ① 본 품은 감압밸브, 게이트밸브, 글로브밸브, 스트레이너, 압력계, 안전밸브 등 바이패스 배관조립 및 설치, 배관시험 품이 포함되어 있다.
② 밸런스 파이프를 필요로 하지 않을 경우를 기준한 것이다.
③ 온도조절장치도 본 품에 준한다.

3) 스팀트랩 장치 설치

(조당)

규격(mm)	단위	수량	
		배관공(인)	보통인부(인)
ø15	인	0.632	0.235
20	인	0.856	0.319
25	인	1.081	0.402
32	인	1.396	0.519
40	인	1.756	0.653
50	인	2.206	0.820
비고	- 철거는 신설의 50%(재사용을 고려치 않을 경우)로 계상한다.		

주) ① 본 품은 트랩, 게이트밸브, 글로브밸브, 스트레이너, 바이패스 배관조립 및 설치, 배관시험을 포함한다.
② 본 품은 고압버킷 및 저압벨로스형 트랩을 포함한다.
③ 바이패스 구간에 기타 부속품이 추가되는 경우에는 별도 계상한다.
④ 스팀트랩 장치 설치를 위한 지지대 및 가대설치는 별도 계상한다.

트랩설치(바이패스 조립)

4) 수격방지기 설치

(개당)

규격(mm)	배관공(인)	보통인부(인)	규격(mm)	배관공(인)	보통인부(인)
ø15~25	0.028	-	100	0.136	0.045
32~50	0.056	-	125	0.181	0.060
65	0.073	0.024	150	0.226	0.075
80	0.100	0.033	200	0.316	0.105

주) ① 본 품은 나사(삽입)접합식, 플랜지접합식 설치기준이다.
② 본 품에는 설치 위치 선정, 소운반, 수격방지기 설치, 작동시험 및 마무리 작업이 포함되어 있다.
③ 수격 방지기를 설치하기 위하여 벽체 홈파내기가 필요한 경우 별도 계상한다.

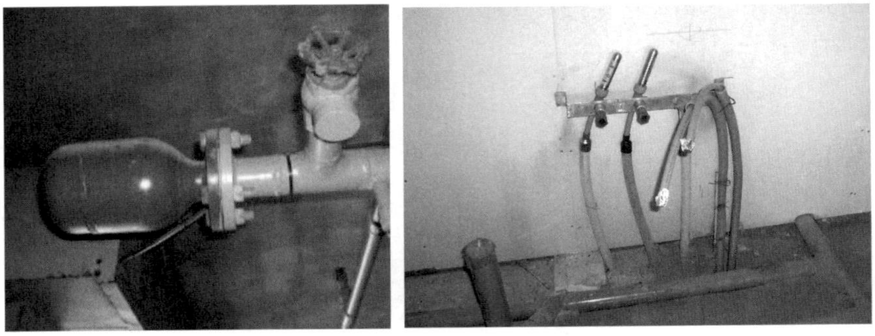

수격방지기 설치

(2) 측정 및 분배장치 (2014년 보완)

1) 유량계 설치

(개당)

규격(mm)	보호통		유량계	
	배관공(인)	보통인부(인)	배관공(인)	보통인부(인)
ø13~15	0.148	0.148	0.102	0.102
20~32	0.188	0.188	0.122	0.122
40~50	0.253	0.253	0.155	0.155
65~80	–	–	0.484	0.484
100~150	–	–	0.578	0.578
200~300	–	–	0.909	0.909

비고 - 건축물 내의 유량계 설치 위치 · 형태가 개소별로 상이하거나 연속작업이 불가능한 경우는 본 품의 20%를 가산한다.
- 보호통 · 뚜껑철거 및 재설치가 요구되는 경우에는 보통인부 0.02인을 가산한다.
- 동일장소에서 수도미터, 온수미터를 병행 설치시에는 단독 설치품에 30%를 가산한다.
- 유량계 교체시(해체 후 재부착) 설치품에 배관공은 33%, 보통인부는 19%를 가산한다.
- 동일장소에서 수도미터, 온수미터 병행 교체시(해체 후 재부착)에는 단독 설치품에 배관공은 95%, 보통인부는 49%를 가산한다.

주) ① 본 품에는 수도미터(급수용), 온수미터(급탕용, 난방용)의 옥내배관 설치 기준이다.
② 본 품에는 소운반, 가배관 철거, 유량계 설치, 작동시험 및 마무리 작업이 포함되어 있다.

2) 원격식 유량계 설치

(개당)

규격(mm)	단위	수량	
		배관공(인)	보통인부(인)
ø13 ~ 15	인	0.112	0.112
20 ~ 32	인	0.132	0.132

주) ① 본 품은 원격식 냉수용 수도미터, 원격식 온수미터의 옥내 배관 설치품이다.

② 본 품은 소운반, 가배관 철거, 유량계 설치, 전선관 결선, 시험 · 점검을 포함한다.
③ 밸브, 스트레이너 및 주위배관 설치 품은 별도 계상한다.
④ 전선관 배관 및 입선, 지시부 설치는 별도 계상한다.

가배관 시

시공사진

원격식 급수계량기함 및 시공사진

3) 적산열량계 설치

가. 세대용

(개당)

규격(mm)	단위	수량	
		배관공(인)	보통인부(인)
ø13 ~ 15	인	0.122	0.122
20 ~ 32	인	0.142	0.142

주) ① 본 품은 적산열량계의 옥내 배관 설치 품이다.
② 본 품은 소운반, 가배관 철거, 적산열량계 및 감온부 설치, 전선관 결선, 시험 · 점검을 포함한다.
③ 밸브, 스트레이너 및 주위배관 설치 품은 별도 계상한다.
④ 전선관 배관 및 입선, 지시부 설치는 별도 계상한다.

나. 건물용

(개당)

규격(mm)	단위	수량	
		배관공(인)	보통인부(인)
ø50	인	0.424	0.424
65	인	0.478	0.478
80	인	0.489	0.489

(표 계속)

규격(mm)	단위	수량	
		배관공(인)	보통인부(인)
125	인	0.521	0.521
150	인	0.634	0.634

주) ① 본 품은 가배관을 철거하고, 건물입구(지하층 또는 기계실)에 적산열량계를 설치하는 품이다.
② 본 품은 소운반, 배관세정작업, 적산열량계 및 온도감지기 설치, 전선관 결선, 시험 · 점검 품이 포함된 것이다.
③ 밸브, 스트레이너 및 연결배관 조립 품은 별도 계상한다.
④ 전선관 배관 및 입선, 지시부 설치는 별도 계상한다.

다. 산업용

(대당)

규격(mm)	플랜트 배관공(인)	배관공(인)	보통인부(인)
ø32	0.71	0.71	0.71
50	0.75	0.75	0.75
100	0.85	0.85	0.85
150	0.95	0.95	0.95

주) ① 본 품은 가배관을 철거하고, 지역난방공사와 같이 산업용으로 적산열량계를 설치하는 것으로서 시험 · 소운반이 포함되어 있다.
② 본 품은 배관세정작업, 유량계, 온도감지기, 열량지시계, 단자함을 설치하는 것과 이들 간의 전기배선 및 결선을 포함한다.
③ 전선관, 밸브, 스트레이너 설치품은 별도 계상한다.
④ 열량지시계는 노출 기준이며, 매립 시는 별도 계상한다.

4) 온수분배기 설치

(개당)

규격(mm)	배관공(인)	보통인부(인)
2구	0.308	0.162
3구	0.365	0.186
4구	0.421	0.209
5구	0.466	0.227
6구	0.507	0.243
7구	0.545	0.257

주) ① 본 품은 소운반, 조립, 설치, 배관연결, 밸브 및 커넥터 설치, 배관시험을 포함한다.
② 본 품의 규격은 공급 및 환수 헤더 개수 기준이며 퇴수구는 제외한다.

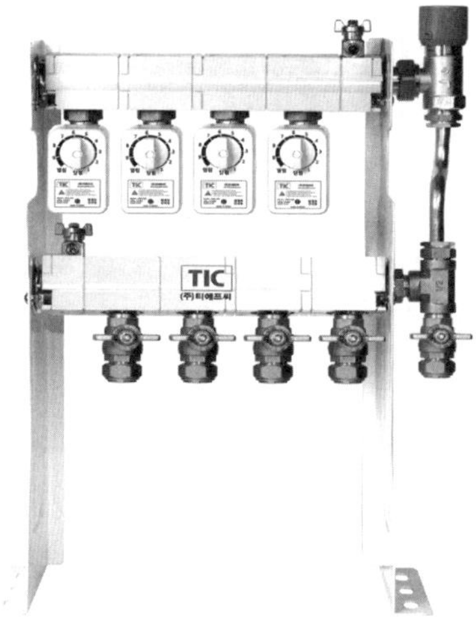

시스템 온수분배기〈개별 난방용〉
비례 제어시스템

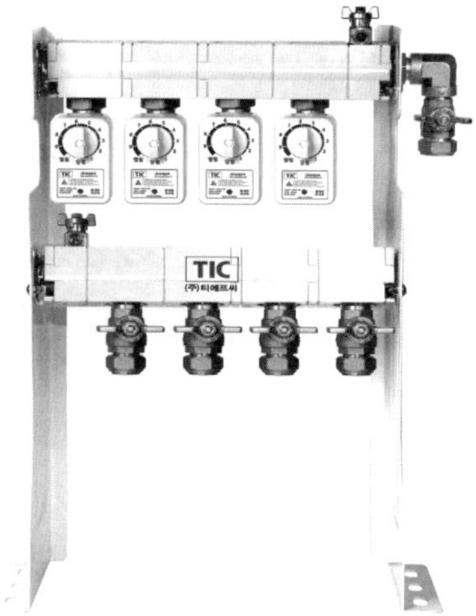

시스템 온수분배기〈지역난방용〉
비례 제어시스템

(3) 신축이음 (2007년 보완)

1) 익스팬션 조인트 설치

(개당)

규격(mm)	복식		단식	
	배관공(인)	보통인부(인)	배관공(인)	보통인부(인)
ø20~25	0.219	0.142	0.195	0.122
32	0.344	0.198	0.306	0.169
40	0.459	0.244	0.408	0.209
50	0.611	0.301	0.544	0.258
65	0.857	0.385	0.762	0.330
80	1.119	0.468	0.995	0.401
100	1.490	0.577	1.325	0.494
125	1.985	0.711	1.766	0.609
150	2.510	0.844	2.232	0.723
200	3.633	1.107	3.231	0.948
비고	- 철거는 신설의 50%(재사용을 고려치 않을 때)로 계상한다.			

주) ① 본 품에는 자재 및 공구 소운반, 설치 위치 재단, 플랜지 접합(강관) 또는 동관용접, 벽체 앵커 설치, 고정바 취부, 수압시험, 고정바 및 고정핀 제거, 정리 및 마무리 작업이 포함되어 있다.
② 지지대 설치가 필요한 경우 별도 계상한다.

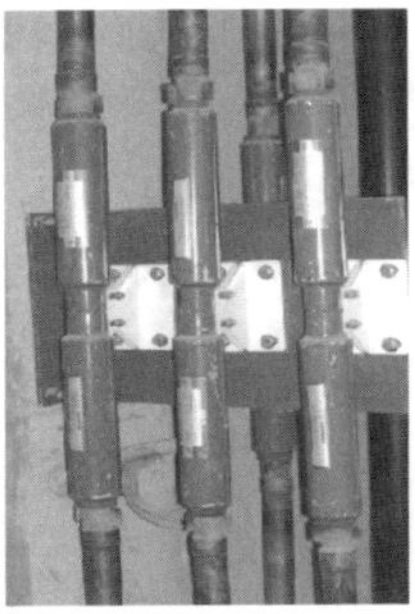

입상 익스팬션 조인트 설치

2) 플렉시블 커넥터 설치

(개당)

규격(mm)	배관공(인)	보통인부(인)
ø15∼25	0.034	0.025
32∼50	0.083	0.046
65	0.191	0.095
80	0.260	0.114
100	0.400	0.151
125	0.560	0.193
150	0.696	0.237
200	0.968	0.315
250	1.250	0.393
300	1.512	0.461

비고 - 철거는 신설의 50%(재사용을 고려치 않을 때)로 계상한다.

주) ① 본 품은 진동을 흡수하는 플렉시블 커넥터의 설치품이며, 커넥팅 로드_플랜지 접합형 기준이다.
② 본 품은 소운반, 수평보기, 컨트롤 로드 설치, 배관시험이 포함되어 있다.
③ 플렉시블 조인트의 경우 본 품을 준용하여 적용할 수 있다.

펌프 주위 배관

플렉시블 커넥터

3) 입상관 방진가대

(조 당)

규격(mm)	배관공(인)	용접공
ϕ50	0.093	0.093
65	0.093	0.093
80	0.109	0.109
100	0.125	0.125
125	0.125	0.125
150	0.140	0.140
200	0.156	0.156
250	0.197	0.197
300	0.239	0.239
350	0.281	0.281

주) ① 본 품은 옥내기준, 입상관 방진가대 설치품으로 지지채널 가대 설치는 제외된 것이다.
② 볼트체결, 클램프체결, 클램프와 강관이음매용접, 소운반 및 조정이 포함된 것이다.

입상관 방진가대 설치

1.3 단열공사(보온 · 보냉 · 방로)

(1) 관 보온 (2014년 보완)

(m 당)

구 분		단위	고무발포보온재		발포폴리에틸렌보온재	
규격(mm)	보온두께(mm)		보온공	보통인부	보온공	보통인부
ϕ15	25 이하 50 이하	인 인	0.034 0.057	0.005 0.008	0.024 0.040	0.002 0.003
20	25 이하 50 이하	인 인	0.040 0.065	0.005 0.008	0.028 0.046	0.002 0.003
25	25 이하 50 이하	인 인	0.045 0.069	0.006 0.009	0.031 0.048	0.002 0.003
32	25 이하 50 이하	인 인	0.053 0.082	0.007 0.011	0.036 0.055	0.003 0.005
40	25 이하 50 이하	인 인	0.062 0.095	0.008 0.012	0.042 0.064	0.003 0.005
50	25 이하 50 이하	인 인	0.073 0.112	0.010 0.015	0.049 0.075	0.004 0.006
65	25 이하 50 이하	인 인	0.089 0.120	0.012 0.016	0.059 0.080	0.005 0.007
80	25 이하 50 이하	인 인	0.106 0.140	0.014 0.018	0.070 0.092	0.005 0.007
100	25 이하 50 이하	인 인	0.128 0.160	0.017 0.021	0.084 0.105	0.006 0.008
125	25 이하 50 이하	인 인	0.155 0.194	0.021 0.026	0.101 0.126	0.008 0.010
150	25 이하 50 이하	인 인	0.183 0.227	0.025 0.031	0.119 0.147	0.009 0.011
200	25 이하 50 이하	인 인	0.235 0.267	0.032 0.036	0.154 0.175	0.012 0.014
250	25 이하 50 이하	인 인	0.283 0.303	0.039 0.042	0.186 0.202	0.014 0.015
300	25 이하 50 이하	인 인	0.328 0.344	0.047 0.049	0.217 0.228	0.017 0.018

비고

- 유리면 보온재(글라스울)로 보온하는 경우는 고무발포보온재 품에 90%를 적용한다.
- 결로방지를 위해 보온 전 비닐감기가 필요한 경우는 발포폴리에틸렌보온재 설치 품의 15%를 적용한다.
- 다음의 경우에는 기준품을 할증하여 적용한다.

할증요인	할증률
- 고무발포보온재의 마감재를 시공하지 않는 경우	-10%
- 은박 발포폴리에틸렌보온재로 시공할 경우	-5%
- 마감재를 폴리프로필렌 sheet(ASP 또는 TS 커버)로 시공할 경우	15%

주) ① 본 품은 고무발포보온재, 발포폴리에틸렌보온재로 기계설비 배관을 보온하는 품이다.
② 본 품은 보온재의 소운반, 보온재 재단, 보온재, 마감재 및 알루미늄밴드 설치, 마무리 작업을 포함한다.
③ 마감재는 PVC 보온테이프(매직테이프)를 기준으로 한다.
④ 배관부속 및 밸브 등의 보온은 '제Ⅲ편 1.3.1 배관 보온'을 참조하여 별도 계상한다.

입상관 배관보온 중

입상관 배관보온

(2) 함석마감 보온 (2015년 보완)

1) 컬러함석 배관보온

가. 공장가공

(m 당)

구 분		단위	수 량	
규격(mm)	보온두께(mm)		보온공	보통인부
ø15	25t	인	0.075	0.012
20	25t	인	0.079	0.013
25	25t	인	0.083	0.013
32	25t	인	0.089	0.014
40	25t	인	0.093	0.015
50	25t	인	0.101	0.016
65	40t		0.133	0.021
80	40t		0.142	0.023
100	40t		0.159	0.026
125	40t		0.177	0.028
150	40t		0.194	0.031
200	50t		0.243	0.039
250	50t		0.278	0.045
300	50t		0.314	0.051

주) ① 본 품은 공장에서 가공된 상태의 컬러함석을 사용하여 배관을 보온하는 품이다.
② 본 품은 보온재의 소운반, 보온재 설치, 마무리 작업을 포함한다.
③ 규격은 본관의 규격을 의미하며, 보온두께는 관보온재 설치두께를 의미한다.

나. 현장가공

(m 당)

규격(mm)	보온두께(mm)	보온통(m)	함석(m^2)	보온공	덕트공
ø15	25t	1.05	0.38	0.049	0.078
20	〃	〃	0.40	0.052	0.082
25	〃	〃	0.43	0.056	0.088
32	〃	〃	0.50	0.062	0.103
40	〃	〃	0.52	0.068	0.106
50	〃	〃	0.57	0.074	0.116
65	40t	1.05	0.71	0.090	0.146
80	〃	〃	0.76	0.099	0.156
100	〃	〃	0.86	0.129	0.177
125	〃	〃	0.97	0.148	0.199
150	〃	〃	1.07	0.174	0.220
200	50t	1.05	1.35	0.218	0.277
250	〃	〃	1.55	0.265	0.318
300	〃	〃	1.76	0.326	0.362

주) ① 원자재 상태의 함석을 가공하여 마감하는 품이다.
② 함석두께 0.3mm를 기준으로 한 것이다.
③ 본 품은 보온재의 소운반이 포함되었으며 잡재료는 별도 계상한다.

2) 함석마감 밸브보온(30~50t)

가. 공장가공함석

(개소당)

규격(mm)	단위	보온공(인)	보통인부(인)
ø50 이하	인	0.206	0.033
65	인	0.231	0.036
80	인	0.255	0.040
100	인	0.288	0.046
125	인	0.329	0.052
150	인	0.370	0.058
200	인	0.452	0.071
250	인	0.534	0.084
300	인	0.616	0.097

주) ① 본 품은 공장에서 가공된 상태의 함석을 사용하여 밸브를 보온하는 기준이다.
② 본 품은 보온재의 설치 및 마무리 작업이 포함된 것이다.
③ 본 품은 개폐형을 기준으로 한 것이다.

나. 현장가공함석

(개소당)

규격(mm)	함석(m^2)	보온공(인)	덕트공(인)
ø50 이하	1.21	0.194	0.653
65	1.31	0.206	0.746
80	1.51	0.219	0.840
100	1.72	0.285	0.933
125	2.06	0.311	1.028
150	2.39	0.338	1.120
200	3.16	0.379	1.306

주) ① 본 품은 보온재 소운반이 포함되었으며 잡자재는 별도 계상한다.
② 원자재 상태의 함석을 가공하여 마감하는 품이다.
③ 함석마감은 밸브의 보수가 용이한 개폐형을 기준으로 한 것이다.
④ 함석두께 0.4mm를 기준으로 한 것이다.

(3) 덕트 보온

1) 각형덕트 보온

(m^2 당)

구 분	단위	고무발포보온재 발포폴리에틸렌보온재		유리면 보온재 (글라스울)	
		보온공	보통인부	보온공	보통인부
25mm 이하	인	0.257	0.046	0.304	0.054
50mm 이하	인	0.286	0.051	0.338	0.060

주) ① 본 품은 접착제가 부착된 고무발포 보온재, 발포 폴리에틸렌 보온재와 접착제가 부착되지 않은 유리면 보온재(글라스울)로 덕트를 보온하는 품이다.
② 본 품은 보온재의 소운반, 보온재 재단, 보온재 및 알루미늄밴드 설치, 마무리 작업을 포함한다.

주덕트 보온

플렉시블 덕트

2) 원형덕트 보온

(m² 당)

구 분	단위	고무발포보온재 발포폴리에틸렌보온재		유리면보온재 (글라스울)	
		보온공	보통인부	보온공	보통인부
25mm 이하	인	0.261	0.047	0.308	0.056
50mm 이하	인	0.290	0.052	0.343	0.061

주) ① 본 품은 접착제가 부착된 고무발포 보온재, 발포 폴리에틸렌 보온재와 접착제가 부착되지 않은 유리면 보온재(글라스울)로 덕트를 보온하는 품이다.
② 본 품은 보온재의 소운반, 보온재 재단, 보온재 및 알루미늄밴드 설치, 마무리 작업을 포함한다.

(4) 발열선 (2006년 신설 · 2014년 보완)

1) 발열선 설치

(m 당)

구분	단위	수량	
		기계설비공)	보통인부
세대내	인	0.015	–
공용 부위	인	0.017	0.006

주) ① 본 품은 작업준비, 소운반, 발열선 설치가 포함되어 있다.
② 본 품의 적용 범위는 다음을 참고한다.

적용 항목	적용 범위	미적용 범위
발열선 설치	– 발열선 설치 및 고정(유리면 접착 테이프 사용) – 램프킷트 설치 및 연결	– 온도센서 연결 강제전선관 배관 및 배선 인입
발열선 설치	– 파워커넥션킷트 설치 및 연결 – 분기부 Tee Splice 설치 – 관말 End Seal 설치 – 온도센서 설치 – 발열선 경고판 설치	– 온도센서 연결 강제전선관 배관 및 배선입

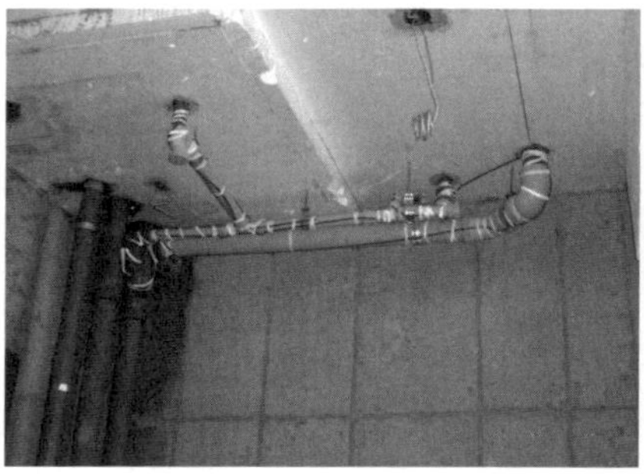

필로티층 오배수배관 열선시공

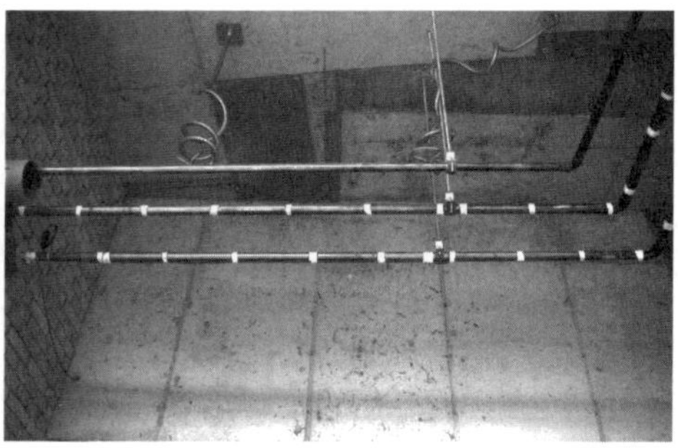

팬코일 외부배관 열선시공

2) 분전함 설치

(개소당)

구분	단위	수량
기계설비공	인	0.271
보 통 인 부	인	0.135

주) ① 본 품은 작업준비, 소운반, 분전함 위치 선정 및 고정, 작동시험 및 정리가 포함되어 있다.
② 본 품의 적용 범위는 다음을 참고한다.

적용 항목	적용 범위	미적용 범위
분전함 설치	- 분전함 설치 및 고정 - 배선 인입부 가공 - 분전함 내부 배선 및 결선 - 작동시험 및 정리	- 전기 인입 및 결선 - 파워커넥션킷트 연결부 강제전선관 배관 및 배선 인입

1.4 도장 및 방청공사

(1) 도장 면적 환산

구분	소요면적 계산	비고
철판 및 형강류	작은부재 : 55~66m^2/ton 보통부재 : 33~50m^2/ton 큰 부 재 : 23~26.4m^2/ton	두께가 4~4.5t의 철판 및 형강구조 두께가 5~8t의 철판 및 형강구조 두께가 9~11t의 철판 및 형강구조
기기류 (표면)	소형 Tank 및 Heater : 13m^2/ton Compressor 및 Pump : 6m^2/ton Fan류 : 10m^2/ton Motor류 : 6m^2/ton	

(2) 바탕만들기(m^2 당)

(m^2 당)

구분	자 재			공 량	
	규격	단위	수량	계령공	보통인부
Shot Blast	Steel Shot ø1mm 기준	kg	0.215 0.415	0.0375	0.0125
Shot Blast	규사함유량 80%	m^3	0.0508	0.0329 (모래분사공)	0.036

구분	자 재			공 량	
	규격	단위	수량	계령공	보통인부
Power Tool	동력 Brush	개	0.03	0.1	–
Wire Brush	Gasoline Wire Brush	ℓ 개	0.05 0.016	–	0.05

주) ① 본 품에는 모래의 현장 소운반 Shot의 소운반 및 횟수가 포함되어 있다.
② 모래 및 Shot의 수량은 녹의 정도 및 횟수 조건에 따라 조정 적용한다.
③ 모래의 채집, 적사, 운반, 굵기는 채집조건에 따라 별도 계상한다.
④ 장비 및 공구손료 소모재료는 별도 계상한다.
⑤ 소형 형강(100mm 미만) 구조일 경우 50% 가산한다.

(3) 녹막이페인트 칠 (2015년 보완)

(m 당)

규격(mm)	도장공(인)	보통인부(인)
ø50mm 이하	0.010	0.002
100mm 이하	0.015	0.003
200mm 이하	0.024	0.004
300mm 이하	0.034	0.006

주) ① 본 품은 기계설비 배관에 방청 페인트를 붓으로 1회 칠하는 기준이다.
② 본 품은 부착물 제거, 붓칠 및 마무리 작업이 포함된 것이다.
③ 재료량은 건축부문 "17-4 녹막이페인트"를 적용하여 계상한다.
④ 비계 사용시에는 높이 6~9m까지는 품을 15% 가산하고, 높이 9m를 초과하는 경우 매 3m 증가마다 품을 5%씩 가산한다.

(4) 유성페인트칠 (2015년 보완)

규격(mm)	도장공(인)	보통인부(인)
ø50mm 이하	0.008	0.001
100mm 이하	0.012	0.002
200mm 이하	0.021	0.004
300mm 이하	0.030	0.005

주) ① 본 품은 기계설비 배관에 유성도료를 롤러로 1회 칠하는 기준이다.
② 본 품은 부착물제거, 롤러칠, 보조붓칠 및 마무리 작업이 포함된 것이다.
③ 재료량은 건축부문 "17-3 유성페인트"를 적용하여 계상한다.
④ 비계 사용시에는 높이 6~9m까지는 품을 15% 가산하고, 높이 9m를 초과하는 경우 매 3m 증가마다 품을 5%씩 가산한다.

(5) 난방설비 페인트칠

(m² 당 1회칠)

구분	물량(ℓ)	도장공(인)	용도
알루미늄페인트(은분)	0.146	0.054	난방용 노출관 및 방열기용
광 명 단	0.132	0.038	파이프, 탱크, 덕트 방청칠
용해아연페인트 및 색페인트	0.132	0.038	파이프, 탱크 끝매기칠
〃	0.165	0.054	보온 후 끝매기칠
수성도료(내부용)	0.309	0.054	보온 마포칠
내 산 도 료	0.255	0.054	파이프, 탱크, 덕트의 내산용
콜타르(보통아스팔트)	0.346	0.054	옥외보온 마포질
보 일 류	0.064	–	광명단 색페인트 용해용

주) ① 2회칠은 1회칠 품에 60% 가산한다.
② 특수도료칠은 별도 계상한다.
③ 바닥처리의 재료 및 인력품은 별도 계상한다.
④ 지상 6~9m까지 인력품은 15% 가산하고, 9m를 초과하는 경우 3m 증가마다 5%씩 가산한다.
⑤ 천장인 경우 20% 가산하고, 거친 바탕품은 30% 가산한다.

(6) 관갱생공 (1999년 신설)

(m 당)

규격(mm)	규사(kg)	에폭시 도료(kg)	배관공(인)	특별인부(인)	장비 사용시간(시간)
ø15	0.520	0.060	0.072	0.036	0.053
20	0.590	0.107	0.072	0.036	0.053
25	0.707	0.127	0.072	0.036	0.053
32	0.880	0.173	0.072	0.036	0.053
40	1.083	0.203	0.072	0.036	0.053
50	1.343	0.260	0.072	0.036	0.053
65	1.687	0.330	0.081	0.039	0.064
80	2.083	0.387	0.081	0.039	0.064
100	2.580	0.513	0.081	0.039	0.064
125	3.177	0.647	0.101	0.050	0.080
150	3.977	0.777	0.101	0.050	0.080
200	5.030	1.027	0.101	0.050	0.080
250	6.297	1.277	0.111	0.056	0.089
300	7.610	1.650	0.111	0.056	0.089

주) ① 본 품에는 강관 갱생을 위한 관내부 세척, 열풍건조, 관내부 피복코팅 및 소운반품이 포함되어 있다.
② 입상관의 경우는 본 품에 30%를 가산한다.
③ 본 품은 에어샌드공법을 기준한 것이다.
④ 검사구 설치, 밸브 및 보온 해체 복구, 가설급수 배관 및 해체에 대한 비용은 별도 계상한다.
⑤ 관세척 공사시 발생되는 폐기물을 폐기물관리법 등의 규정에 따라 적정하게 처리하는 데 소요되는 비용은 별도 계상한다.
⑥ 도장두께는 0.3~1mm일 때를 기준한 것이다.
⑦ 사용장비 중 공기압축기는 규격 25.5m³/min를 기준한 것이며, 라이닝기(1set)에 대한 기계경비는 별도 계상한다.
⑧ 장비조합은 다음을 기준한다.

규격(mm)	ø15~50	ø65~100	ø125~200	ø250~300
라이닝기	1 set	1 set	1 set	1 set
공기압축기	1대	2대	5대	6대

1.5 기계설비 철거 및 이설공사

(%)

구준	철거		동일 구내 (인접장소) 이설
	재사용을 고려할 경우	재사용을 고려 안할 경우	
1. 기기류	80	60	160
2. 철골류	70	50	150
3. 배관류	60	40	140
4. Belt Conveyor류	80	60	160
5. 보온재	60	40	140
6. Heater & Tank류	70	50	150
7. Pump & Fan류	60	40	140
8. Crane류	70	50	150

주) ① 상기류 외의 품목은 유사항목에 적용한다.
② 공구손료 및 소모재료는 별도 계상한다.
③ 상기의 율은 설치를 100%로 볼 때이다.
④ 특수기기에 대하여 별도 계상할 수 있다.
⑤ 철거한 설비를 동일 구내 또한 인접한 장소가 아닌 곳에 재설치할 경우에는 설치품+철거품(재사용을 고려할 경우)으로 계상한다.

1.6 펌프 설치

(1) 펌프 설치 (2015년 보완)

1) 일반펌프

(대당)

규 격	단위	기계설비공	보통인부
0.75㎾ 이하	인	0.766	0.254
1.5㎾ 이하	인	0.848	0.281
2.2㎾ 이하	인	0.977	0.324
3.7㎾ 이하	인	1.122	0.372
5.5㎾ 이하	인	1.352	0.448
7.5㎾ 이하	인	1.706	0.565
11㎾ 이하	인	2.144	0.710
15㎾ 이하	인	2.276	0.754
22㎾ 이하	인	3.677	1.218
37㎾ 이하	인	4.748	1.572
55㎾ 이하	인	7.638	2.530
75㎾ 이하	인	9.357	3.099

주) ① 본 품은 제작 및 조립이 완료된 상태의 일반펌프를 옥내에 설치하는 품이다.
② 본 품은 소운반, 펌프 설치, 제어설비와의 결선, 펌프 시운전 및 교정작업을 포함한다.
③ 본 품에는 펌프 기초 및 방진가대, 전기배선 및 입선, 펌프주위 연결배관은 제외되어 있다.
④ 펌프 압력탱크, 펌프 작동을 위한 자동제어설비의 설치는 제외되어 있다.
⑤ 공구손료 및 경장비(윈치 등)의 기계경비는 인력품의 3%를 계상한다.
⑥ 본 품은 인력과 윈치 설치 기준이며, 펌프 설치를 위해 장비를 사용할 경우 별도 계상한다.

2) 집수정 배수펌프

(대당)

규 격	단위	기계설비공	보통인부
0.75kW 이하	인	1.325	0.471
1.5kW 이하	인	1.498	0.533
2.2kW 이하	인	1.660	0.590
3.7kW 이하	인	2.005	0.713
5.5kW 이하	인	2.420	0.861
7.5kW 이하	인	2.881	2.881
			1.025

주) ① 본 품은 제작 및 조립이 완료된 상태의 수중펌프를 집수정에 설치하는 기준이다.
② 본 품은 지지대 및 펌프 설치, 자동제어설비와의 결선, 펌프 시운전 및 교정작업이 포함된 것이다.
③ 본 품에는 기초, 전기배선 및 입선, 펌프 주위 연결배관은 제외되어 있다.
④ 펌프 작동을 위한 자동제어설비의 설치는 제외되어 있다.
⑤ 공구손료 및 경장비(용접기 등)의 기계경비는 인력품의 3%를 계상한다.
⑥ 본 품은 인력과 윈치 설치 기준이며, 펌프 설치를 위해 장비를 사용할 경우 별도 계상한다.

단단 볼류트펌프

양흡입 볼류트펌프

수중배수펌프

입형 다단펌프

심정펌프

(2) 펌프 방진가대 설치 (2014년 보완)

(대당)

규 격	단위	기계설비공	보통인부
0.75kW 이하		0.650	0.207
1.5kW 이하	인	0.675	0.215
2.2kW 이하	인	0.715	0.228
3.7kW 이하	인	0.759	0.242
5.5kW 이하	인	0.830	0.265
7.5kW 이하	인	0.891	0.284
11kW 이하	인	0.987	0.315
15kW 이하	인	1.021	0.326
22kW 이하	인	1.349	0.430
37kW 이하	인	1.566	0.499
55kW 이하	인	1.988	0.643
75kW 이하		2.378	0.758

주) ① 본 품은 펌프 설치를 위한 방진가대 설치 품이다.
② 본 품은 소운반, 방진가대 및 방진마운트 설치를 포함한다.
③ 방진가대 내에 콘크리트(모르타르) 충전이 필요한 경우 별도 계상한다.

펌프 방진가대 설치

1.7 송풍기 설치 (2015년 보완)

(대당)

송풍기 규격	편흡입		양흡입	
호칭번호	기계설비공(인)	보통인부(인)	기계설비공(인)	보통인부(인)
032(2)	1.042	0.309	1.377	0.409
036(2$\frac{1}{3}$)	1.111	0.330	1.469	0.436
040(2$\frac{2}{3}$)	1.200	0.356	1.586	0.471
045(3)	1.313	0.390	1.735	0.515
050(3$\frac{1}{3}$)	1.440	0.428	1.903	0.565
056(3$\frac{2}{3}$)	1.613	0.479	2.132	0.633
063(4)	1.843	0.547	2.435	0.723
071(4$\frac{2}{3}$)	2.142	0.636	2.830	0.840
080(5$\frac{1}{3}$)	2.526	0.750	3.338	0.991
090(6)	3.014	0.895	3.982	1.183
100(6$\frac{2}{3}$)	3.565	1.059	4.711	1.399
112(7$\frac{1}{2}$)	4.177	1.240	5.519	1.639
125(8$\frac{1}{3}$)	4.606	1.368	6.086	1.807
140(9$\frac{1}{3}$)	5.165	1.534	6.824	2.027
160(10$\frac{2}{3}$)	6.760	2.008	8.933	2.653
180(12)	7.682	2.281	10.150	3.014

비고 - 천장 설치는 천장높이 3.5m일 때, 투입품 70%를 가산한다.
- 철거는 신설의 50%(재사용을 고려하지 않을 때)로 계상한다.

주) ① 본 품은 제작 및 조립이 완료된 상태의 다익형 송풍기를 설치하는 기준이다.
② 호칭번호는 송풍기 임펠러 깃 바깥지름의 최대치수(mm)를 기준으로 한다.
③ 본 품은 송풍기 설치, 제어설비와의 결선, 송풍기 시운전 및 교정작업이 포함된 것이다.
④ 본 품에는 송풍기 기초 및 방진가대, 전기배선 및 입선, 송풍기 주위 연결시설물은 제외되어 있다.
⑤ 공구손료 및 경장비(윈치 등)의 기계경비는 인력품의 3%를 계상한다.
⑥ 산업용 송풍기 설치는 "제Ⅲ편 2-7 Fan 설치"를 적용한다.
⑦ 본 품은 윈치에 의한 인력 설치 기준이며, 송풍기 설치를 위해 장비를 사용할 경우 별도 계상한다.

송풍기 설치

1.8 배관을 위한 구멍뚫기 (2014년 보완)

(개소당)

구분			단위	수량				
				25mm	50mm	75mm	100mm	125mm
콘크리트 두께 150mm	바닥	착암공	인	0.096	0.119	0.142	0.165	0.210
		보통인부	인	0.096	0.119	0.142	0.165	0.210
		코어드릴	hr	0.28	0.43	0.58	0.73	1.03
	벽체	착암공	인	0.123	0.152	0.181	0.211	0.268
		보통인부	인	0.123	0.152	0.181	0.211	0.268
		코어드릴	hr	0.6	0.55	0.75	0.93	1.32
콘크리트 두께 300mm	바닥	착암공	인	0.169	0.208	0.248	0.287	0.367
		보통인부	인	0.169	0.208	0.248	0.287	0.367
		코어드릴	hr	0.56	0.86	1.16	1.46	2.06
	벽체	착암공	인	0.216	0.266	0.317	0.368	0.469
		보통인부	인	0.216	0.266	0.317	0.368	0.469
		코어드릴	hr	0.72	1.10	1.49	1.87	2.64
콘크리트 두께 150mm	바닥	착암공	인	0.252	0.295	0.339	0.384	0.426
		보통인부	인	0.252	0.295	0.339	0.384	0.426
		코어드릴	hr	1.33	1.63	1.93	2.23	2.53
	벽체	착암공	인	0.322	0.377	0.434	0.491	0.544
		보통인부	인	0.322	0.377	0.434	0.491	0.544
		코어드릴	hr	1.71	2.09	2.47	2.86	3.24
콘크리트 두께 300mm	바닥	착암공	인	0.446	0.525	0.604	0.683	0.762
		보통인부	인	0.446	0.525	0.604	0.683	0.762
		코어드릴	hr	2.66	3.26	3.86	4.46	5.06
	벽체	착암공	인	0.570	0.671	0.772	0.874	0.975
		보통인부	인	0.570	0.671	0.772	0.874	0.975
		코어드릴	hr	3.40	4.17	4.94	5.71	6.47

주) ① 본 품은 코어드릴을 사용하여 철근콘크리트 슬래브를 하향으로 천공하는 작업에 적용한다.
② 본 품은 코어드릴의 소운반, 천공 및 마무리를 포함한다.
③ 부산물처리 및 반출품은 별도 계상한다.
④ 주재료비(다이아몬드 비트)는 별도 계상한다.
⑤ 철근 탐색 및 시험천공작업은 별도 계상한다.

1.9 각종 잡철물 제작 설치 (2007년 보완)

(철물 ton 당)

구분		단위	소요량			비고
			철물 제작	철물 설치	제작 설치	
재료	용접봉	kg	15.71	2.77	18.48	
	산 소	ℓ	5,355	945	6,300	대기압 상태 기준
	아세틸렌	kg	2.4	0.40	2.80	
	유 지	ℓ	(0.17)		(0.17)	필요할 때 계상
	볼 트	개	(0.46)		(0.46)	필요할 때 계상
품	철 공	인	21.80	5.85	27.65	
	비계공	〃	(4.0)	(0.71)	(4.71)	사용소재에 따라
	인 부	〃	0.56	0.10	0.66	철판공
	용접공	〃	2.21	0.39	2.60	필요할 때 계상
	특별인부	〃	0.63	0.11	0.74	
기타	용접기 손료	시간	17.71	3.12	20.83	
	전력소요량	Kwh	107.1	18.9	126	

※ 산소량은 대기압상태의 기준량이며, 압축산소는 35℃에서 150기압으로 압축용기에 넣어 사용하는 것을 기준한다.

주) ① 본 품은 일반철재류의 잡철물 제작설치에 대한 일반적 기준이며, 주자재(철판, 앵글, 파이프 등)는 별도 계상한다.

② 본 품은 간단한 구조를 기준한 것이므로 용접개소, 형상, 경량철재 등에 따라 재료 및 품을 다음의 범위 내에서 계상한다.

간단	보통	복잡
100%	120%	140%

③ 본 품은 철물 각종을 제작 설치할 때의 품으로서 특수철물, 조형물 제작 및 설치시 별도 계상할 수 있다.

④ 철물제작 및 설치에 있어서 비계매기 또는 장애물처리에 필요한 비계공은 필요할 때만 계상하며, 강판의 가공 설치에는 철공 대신 철판공을 적용한다.

⑤ 설치용 장비가 필요한 경우에는 별도 계상할 수 있다.

⑥ 철물설치는 제작된 철물을 반입현장에 설치하는 것으로 필요한 때 계상한다.

⑦ 본 품은 소운반이 포함된 것이며, 기타 기계 · 공구손료는 인력품의 3%로 계상한다.

⑧ 잡철물의 구조별 구분은 다음과 같다.

㉮ 간단구조 : 자재수나 용접개소가 많지 않고 간단히 제작 설치되는 잡철물류

㉯ 보통구조 : 자재수나 용접개소가 보통이거나 경량철재 또는 박판으로서 절단, 절곡, 용접 등 제작설치가 복잡하지 아니한 잡철물류

㉰ 복잡구조 : 자재수나 용접개소가 많고 형상이 복잡하거나 경량철재 또는 박판으로 절단, 절곡, 용접 등 제작 설치가 복잡한 잡철물류

⑨ 본 품에서 잡철물의 예를 들면 다음과 같다.

㉮ 피트 및 맨홀 뚜껑류

㉯ 계단 및 난간철물류 등

㉰ P.D문, D.C문, 환기구 철물 등의 간이 창호류

㉱ Checked Plate, Expanded Metal류 등

㉲ 기타 철골공사에 해당되지 않는 철제품의 제작 및 설치

공기조화설비공사 2

2.1 보일러 및 부속기기 설치

(1) 보일러 설치

규 격		단위	보일러공	특별인부
주철제 보일러	1호(20~60 미만) 1,000kcal/hr	인/절	0.90	0.30
	2호(60~135 미만) 〃	〃	1.10	0.30
	3호(135~230 미만) 〃	〃	1.10	0.30
	4호(230~330 미만) 〃	〃	2.10	0.50
	5호(330~640 미만) 〃	〃	3.00	0.70
	6호(640~1,180 미만) 〃	〃	4.50	0.70
강판제 보일러		인/중량톤	1.2	0.8
패키지형 수관식 보일러		인/중량톤	6.0	2.0

주) ① 조립, 설치, 수압시험 및 시운전 등을 포함한다.
② 각 보일러 품은 지면과 동일한 평면에 설치하는 경우이며 운반자동차가 설치 위치까지 들어가지 못할 시는 하치장에서 반입비는 별도 계상한다.
③ 산업용 보일러 설치는 '제Ⅲ편 2-1 보일러 설치'를 적용한다.
④ 강판제 및 패키지형 보일러는 내화시설품이 포함되었다.

(2) 오일버너, 스토카

1) 로터리 오일 버너

전동기 전력 (kw)	회전식 오일버너 (수동식)		회전식 오일버너 (반자동식)		회전식 오일버너 (전자동식) (on/off)		회전식 오일버너 (전자동식) (비례)	
	기계 설치공 (인)	특별 인부 (인)	기계 설비공 (인)	특별 인부 (인)	기계 설비공 (인)	특별 인부 (인)	기계 설비공 (인)	특별 인부 (인)
0.4 이하	2.5~3.0	1.0~1.2	4.2~5.0	1.4~1.7	5.0~6.0	1.7~2.0	5.9~7.1	2.0~2.4
0.55 이하	2.7~3.2	1.2~1.4	4.5~5.0	2.0~2.4	5.4~6.5	2.4~2.9	6.3~7.6	2.8~3.4
0.75 이하	3.0~3.6	1.4~1.7	5.0~6.0	2.3~2.8	6.0~7.2	2.7~3.2	7.0~8.4	3.2~3.8
1.5 이하	3.3~4.0	1.5~1.8	5.5~6.6	2.5~3.0	6.6~7.9	3.0~3.6	7.7~9.2	3.5~4.2

주) ① 수동식에는 유량조절기, 오일프리히터, 2차 공기주입구, 철물 등을 포함한다.
② 반자동식에는 수동의 부속품 조작기, 압력스위치 또는 광전관 저수위 스위치 등을 포함한다.
③ 전자동식 on-off에는 반자동의 부속품, 착화장치, 댐퍼 컨트롤러 등을 포함하고 비례 제어에는 전자동 on-off의 부속품의 모지트럴, 컨트롤, 오요터, 비례압력, 조절기품 등을 포함한다.

2) 건타입 오일버너

(대당)

규격	단위	보일러공(인)	특별인부(인)
건타입 오일버너 0.75 KW	대	4.2	2.0
1.5 KW	〃	4.6	2.2
(전자동방식) 2.2 KW	〃	5.0	2.5
3.7 KW	〃	6.0	3.0

주) 조립, 설치, 수압시험 및 시운전 등을 포함한다.

(3) 경유보일러

규격	단위	배관공(인)	보통인부(인)
15,000kcal/hr	대	1.00	0.39

주) ① 소운반은 별도 계상한다.
② 수압시험, 시운전품은 본 품에 포함되어 있다.

(4) 가스보일러 (가정용) (2016년 보완)

(대당)

구분	단위	수량				
		13,000 kcal/hr	16,000 kcal/hr	20,000 kcal/hr	25,000 kcal/hr	30,000 kcal/hr
보일러공	인	0.845	0.952	1.028	1.123	1.218
보통인부	인	0.164	0.184	0.199	0.217	0.236
비고	- 본 품은 벽걸이형 설치 기준이며, 바닥설치형은 본 품에 15%를 감한다.					

주) ① 본 품은 세대내 가스보일러 설치작업을 기준한 것이다.
② 본 품은 보일러 설치, 연도용 슬리브, 배기팬 설치 및 접속부의 기밀 유지, 수압시험 및 시운전이 포함되어 있다.

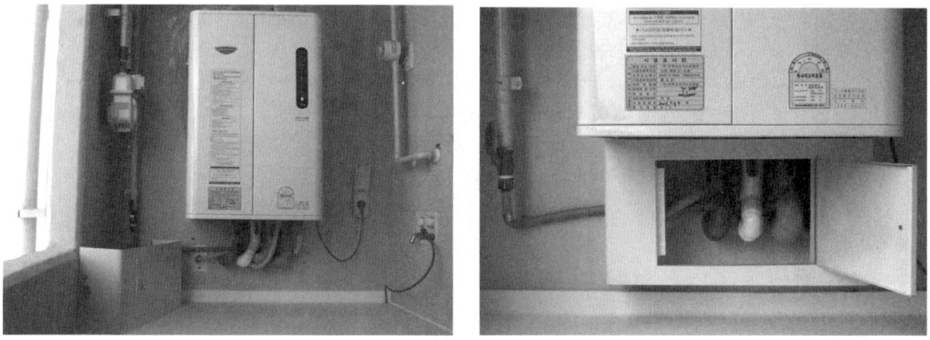

벽걸이형 가스보일러 설치

(5) 오일서비스탱크 설치

탱크용량(ℓ)	배관공	보통인부
100	0.75	0.90
200	0.98	1.05
300	1.13	1.28
400	1.50	1.50
500	1.50	1.50
750	2.10	2.10
1,000	2.63	2.63

주) 본 품에는 가대설치품이 포함되어 있다.

(6) 방열기 (2007년 보완)

규 격	단위	배관공	보통인부
주철재 바닥 설치 20절 이하	인/조	1.10	0.10
21절 이상	인/조	1.50	0.10
벽걸이 3절 이상	인/조	1.60	0.20
천장달기 3절	인/조	2.50	0.50
1m길트	인/본	0.70	0.10
컨벡터 길이 1m 미만	인/조	0.80	0.10
1m 이상	인/조	1.10	0.10
베이스보드 1단형 길이 2m 미만	인/단	1.90	0.20
2m 이상	인/단	2.40	0.20
강판제 및 알루미늄제 방열기 1m 미만	인/조	0.44	0.06
1m 이상	인/조	0.60	0.06

주) ① 본체, 밸브, 트랩류(강판제 및 알루미늄제 방열기 제외) 등 지지철물 설치, 소운반, 기밀시험 및 공기빼기품이 포함되어 있다.
② 벽걸이 3절을 초과하는 경우 매 1절 증가마다 15%씩 가산한다.
③ 컨벡터 및 베이스보드는 1단 증가마다 20%씩 가산한다.
④ 철거는 신설의 50%(재사용을 고려치 않을 때) 계상한다.
⑤ 패널 라디에이터(panel radiator)는 컨벡터 품을 적용한다.

(7) 전기보일러 설치 (2003년 설치)

(대당)

규격	보일러공(인)	비계공(인)
135,000kcal(30kw)	3.8	2.3

주) ① 본 품은 축열식 심야전기보일러, 실내온도조절기 설치 기준으로 시운전 및 소운반이 포함되어 있다.
② 본 품에는 팽창탱크, 안전핀, 순환펌프 설치가 포함되었으며, 기초공사, 전선관, 전기배선은 별도 계상한다.
③ 사용장비는 다음 기준에 따라 적용한다.

장비명	규격	사용기간
트럭탑재형 크레인	5톤	3hr

전기보일러 설치

(8) 전기온수기 설치 (2003년 신설)

(대당)

규격	보일러공인)	비 계 공(인)
350L	2.0	0.3

주) ① 본 품은 축열식 심야전기온수기 설치 기준으로 시운전 및 소운반이 포함되어 있다.
② 본 품에는 안전핀, 감압밸브 설치가 포함되었으며, 기초공사, 전선관, 전기배선은 별도 계상한다.

2.2 냉동기 및 부속기기 설치

(1) 냉동기 반입

작업횟수	1회						2회				소운반		가조립	
층별	지하1층		지하2층		지하3층		지하2층		지하3층		10m 거리 내		설치기초상	
공종 / 냉동 U.S. ton	비계공	특별인부	비계공	특별인부	비계공	특별인부	비계공	특별인부	비계공	특별인부	비계공	특별인부	비계공	특별인부
10	3	1	3	2	3	2	6	2	7	2	1	–	2	–
20	4	2	4	3	5	3	7	4	10	4	2	–	3	–
30	5	3	5	4	7	4	10	5	12	7	2	–	4	1
50	7	3	7	4	9	5	14	6	16	8	2	1	4	2
80	10	5	12	7	15	7	23	8	28	10	4	1	7	2
100	14	6	16	8	20	8	30	10	36	12	4	2	7	4
150	20	11	24	14	31	14	46	18	57	20	6	3	13	6
200	29	11	32	16	40	16	60	20	72	24	7	4	16	8
300	40	20	44	28	56	28	80	40	90	54	12	6	24	12
400	50	30	56	40	72	40	100	60	112	80	16	8	34	14
500	60	40	70	50	90	50	120	80	140	100	20	10	40	20
600	70	50	84	60	108	60	140	100	169	120	24	12	48	24

(2) 냉동기 설치

(대당)

규 격	배관공(인)	보통인부(인)
왕복동식 냉동기 5 냉동 ton	2.19	1.09
〃 7.5 〃	2.80	1.27
〃 15 〃	3.37	1.70
〃 20 〃	3.93	1.98
〃 30 〃	5.04	2.53
〃 50 〃	5.91	3.80
〃 80 〃	12.03	5.91

주) ① 본 품은 현장반입 후 지하 1층 설치를 기준하였다.
② 본 품에는 시운전품이 포함되어 있다.
③ 철거는 신설의 50%(재사용을 고려치 않을 때)로 계상한다.
④ 기초 및 소운반은 제외되었다

(3) 냉각탑 설치

구분		2층 건물					5층 건물					9층 건물				
작업횟수		1회			2회		1회			2회		1회			2회	
공종냉동 U.S.	층별	옥상	탑옥 1층	탑옥 3층	탑옥 1층	탑옥 3층	옥상	탑옥 1층	탑옥 3층	탑옥 1층	탑옥 3층	옥상	탑옥 1층	탑옥 3층	탑옥 1층	탑옥 3층
5 ton	비계공	6	6	6	10	10	7	7	8	11	12	8	8	10	12	13
	특별인부	2	2	3	4	5	3	3	3	6	6	4	4	4	6	6
10	비계공	7	7	8	13	14	8	8	10	14	15	10	11	12	14	15
	특별인부	3	3	3	5	5	4	4	4	6	6	4	4	4	8	8
20	비계공	8	9	10	14	15	9	10	11	15	16	11	12	13	15	16
	특별인부	3	3	4	6	6	5	5	5	7	7	5	5	5	9	9
30	비계공	11	12	13	19	20	12	13	14	20	21	14	15	16	21	23
	특별인부	4	4	5	7	7	6	6	6	8	8	4	6	6	9	9
50	비계공	15	15	17	22	23	16	17	18	24	25	17	18	19	23	24
	특별인부	5	5	5	8	8	6	6	6	8	8	7	7	7	10	10
80	비계공	23	24	26	37	38	24	25	26	38	39	28	29	30	38	39
	특별인부	8	8	8	12	12	10	10	10	13	13	8	8	8	15	15
100	비계공	30	30	32	43	44	32	32	33	45	46	35	35	36	47	48
	특별인부	10	10	10	18	18	11	11	11	18	18	10	10	10	18	18
150	비계공	41	41	44	61	61	42	43	44	64	65	43	44	45	65	66
	특별인부	15	15	15	24	24	17	17	17	24	24	18	18	18	25	25
200	비계공	57	57	60	78	79	55	56	57	79	80	57	58	59	81	81
	특별인부	19	19	19	32	32	24	24	24	33	33	24	24	24	34	34
300	비계공	82	82	86	119	120	85	86	87	120	121	86	87	88	121	122
	특별인부	34	34	34	48	48	35	35	35	49	49	36	36	36	50	50
400	비계공	108	109	112	164	166	112	113	114	169	170	113	114	115	161	162
	특별인부	48	48	48	60	60	49	49	49	68	68	50	50	50	68	68
500	비계공	131	131	146	192	192	139	140	141	192	193	142	143	144	193	194
	특별인부	65	65	65	90	90	63	63	63	92	92	62	62	62	93	93
600	비계공	157	157	162	199	199	155	156	157	201	202	163	163	164	201	202
	특별인부	80	80	80	140	140	88	88	88	140	140	82	82	82	142	142

주) ① 탑본체, 수조 등 부속기기의 반입 및 설치를 포함한 것이다.
② 반입시 사용되는 장비의 사용료를 포함한 것이다.
③ 철거시는 본 품의 50%(재사용을 고려하지 않을 때)로 계상한다.

2.3 공조기 및 팬 설치

(1) 공기가열기, 공기냉각기, 공기여과기 설치

(대 당)

규격(mm)	기계설비공(인)	보통인부(인)
유효길이 610	2.0	0.60
762	2.5	0.75
914	3.0	0.90
1,067	3.5	1.00
1,219	4.0	1.20
1,372	4.5	1.30
1,524	5.0	1.50
1,676	5.5	1.60
1,829	6.0	1.80
1,981	6.5	1.90
2,134	7.0	2.10
2,286	7.5	2.20
2,438	8.0	2.40
2,591	8.5	2.50
2,875	10.0	3.00
3,048	11.0	3.30

주) ① 직접 팽창식(디스트리뷰터 포함)은 본 품에 30%를 가산한다.
② 헤더 분리형은 본 품에 50%를 가산한다.
③ 연결 케이싱은 납땜 시공한다.
④ 풍압이 특히 높은 경우에는 별도 계상한다.
⑤ 에로핀, 플레이트핀 및 핀 피치에 상관없이 핀치수 18본 1~3열 기준(W254mm×H737mm)한 것이다.
⑥ 튜브의 본수에 의한 증감은 2본 감할 때마다 4% 감한다. 2본 증할 때마다 5% 가산한다.
⑦ 철거는 신설의 50%(재사용을 고려치 않을 때)로 계상한다.

(2) 패키지형 공기조화기 설치

작업횟수		1회						2회				1회					
층별		지하1층		지하2층		지하3층		지하2층		지하3층		2층		5층		9층	
공종 / 출력(kw)	반입대수	비계공	특별인부	비계공	특별인부	비계공	특별인부	비계공	특별인부	비계공	특별인부	비계공	특별인부	비계공	특별인부	비계공	특별인부
0.75 이하	15 대분	9.7	4.9	10.3	5.1	11.5	5.7	19.5	9.7	21.2	10.6	9.7	4.9	11.5	5.7	12.9	6.5
1.5	8	9.7	4.9	10.3	5.1	11.5	5.7	19.5	9.7	21.2	10.6	9.7	4.9	11.5	5.7	12.9	6.5
2.2	5	9.7	4.9	10.3	5.1	11.5	5.7	19.5	9.7	21.2	10.6	9.7	4.9	11.5	5.7	12.9	6.5
3.7	4	9.7	4.9	10.3	5.1	11.5	5.7	19.5	9.7	21.2	10.6	9.7	4.9	11.5	5.7	12.9	6.5
5.5	3	8.2	4.1	8.8	4.4	9.7	4.9	16.2	8.1	18.0	9.0	8.2	4.1	9.7	4.9	11.5	5.7
7.5	2	8.2	4.1	8.8	4.4	9.7	4.9	16.2	8.1	18.0	9.0	8.2	4.1	9.7	4.9	11.5	5.7
9.8	1	6.5	3.2	7.1	3.5	8.8	4.4	12.9	6.5	14.7	7.4	6.5	3.2	8.8	4.4	9.7	4.9
15	1	7.9	4.0	8.8	4.4	9.7	4.9	16.2	8.1	21.2	10.6	8.2	4.1	9.7	4.9	11.5	5.7
17	1	12.9	6.5	13.5	6.8	14.7	7.4	25.9	13.0	26.5	13.3	12.9	6.5	14.7	7.4	16.2	8.1
20	1	14.7	7.4	15.3	7.7	16.2	8.1	29.2	14.6	30.9	15.5	14.7	7.4	16.2	8.1	18.0	9.0
37	1	25.9	13.0	26.5	13.3	27.7	13.8	51.9	25.9	53.7	26.8	25.9	13.0	27.7	13.8	29.2	14.6

주) ① 반입 및 설치품을 포함한 것이다.
② 반입시 사용되는 장비사용료를 포함한 것이다.

(3) 공기조화기 (Air Handling Unit)

(대 당)

규 격			기계설비공(인)	보통인부(인)
1. 수냉식 패키지형				
압축기 전동기 출력	0.75kw	이하	0.5	0.5
〃	1.1	이하	0.6	0.6
〃	1.5	이하	1.0	1.0
〃	2.2	이하	1.3	1.3
〃	3.7	이하	1.5	1.5
〃	10.8	이하	2.0	2.0
〃	30.0	이하	3.0	3.0
〃	37.0	이하	3.5	3.5
2. 공냉식 패키지형				
압축기 전동기 출력	2.2kW	이하	1.0	1.0
〃	3.7	이하	1.3	1.3
〃	7.5	이하	1.5	1.5
3. 핸들링 유닛 전동기 출력	7.5kw	이하	4.0	1.2
〃	15	이하	6.0	1.8
〃	15	이상	7.0	2.5
4. 팬코일 유닛(床置형) 풍량	510 m^3/hr	이하	1.0	–
〃	680 m^3/hr	이상	1.0	0.2
팬코일 유닛(天井형)	510 m^3/hr	이하	1.5	0.5
〃	680 m^3/hr	이상	2.0	0.5
5. 윈도 타입	0.4kw	이하	1.0	0.5
	0.55	이하	1.3	0.5
	0.75	이하	1.5	1.0

주) ① 조립 및 부속품 설치품을 포함한다.
② 수배관 전기배관품은 포함하지 않았다.
③ 운반품 및 가대는 별도 계상한다.
④ 핸들링 유닛설치는 가열기 또는 냉각기 설치품이 제외되었다.
⑤ 철거는 신설의 50%(재사용을 고려하지 않을 때)로 계상한다.

(4) 벽걸이 배기팬 (2016년 보완)

구분	규격	단위	수량				
			100mm	200mm	300mm	400mm	600mm
기계설비공		인	0.087	0.30	0.40	0.50	0.80
보통인부		인	0.044	–	–	–	–

주) ① 본 품은 전동기 직결형 배기팬의 벽걸이형 설치작업을 기준한 것이다.
② 본 품은 플렉시블 덕트의 설치 및 연결, 소운반 및 검사를 포함하고, 방화댐퍼 설치품은 별도 계상한다.
③ 형틀 설치가 필요한 경우에는 별도 계상한다.

(5) 무덕트배기팬 설치 (2001년 신설)

(대 당)

규 격	기계설비공(인)	보통인부(인)	비 고
1,400(10)~1,600(18)m^3/h	0.23	0.17	( )는 토출풍속, 단위 : m/s

주) ① 본 품은 전동기 직결형 배기팬의 벽걸이형 설치작업을 기준한 것이다.
② 본 품은 플렉시블 덕트의 설치 및 연결, 소운반 및 검사를 포함하고, 방화댐퍼 설치품은 별도 계상한다.
③ 형틀 설치가 필요한 경우에는 별도 계상한다.

(6) 레인지 후드 설치 (2016년 보완)

(개당)

구분	규격	단위	수량	
			700mm 이하	900mm 이하
기계설비공		인	0.119	0.142
보통인부		인	0.038	0.046

주) ① 본 품은 공동주택의 주방에 설치하는 것으로 최대 풍량(6~12m^3/분)을 기준한 것이다.
② 본 품에는 플렉시블 덕트의 연결, 시운전 및 검사가 포함되어 있다.

2.4 덕트설비

(1) 덕트 설치 (2015년 보완)

1) 아연도금강판덕트

가. 각형덕트 제작

(m^2당)

구분	규격	덕트공(인)
호칭두께	0.5mm	0.180
	0.6mm	0.190
	0.8mm	0.210
	1.0mm	0.240
	1.2mm	0.270
	1.6mm	0.360

주) ① 기계덕트 제작에 필요한 기계(만곡기, 절단기 등)의 사용료는 제작품에 포함되어 있다.
② 각형덕트 제작 및 설치의 재료량은 다음과 같다.

(m²당)

품명	규격	단위	0.5	0.6	0.8	1.0	1.2	1.6
플랜지	아연도 강판	m^2	0.11	0.11	0.11	0.11	0.11	0.11
코너 플레이트	30폭×105길이×1.6t	개	5.9	3.6	2.0	1.2	0.9	0.9
볼트너트	ϕ8×25L	개	5.9	3.6	2.0	1.2	0.9	0.9
c-크리트바	20×25×1.0t	m	0.7	0.7	0.7	0.7	0.7	0.7
행거레일	20×25×1.2t	m	0.3	0.3	0.3	0.3	0.3	0.3
행거로드	ϕ9	m	1.1	0.7	0.4	0.3	0.2	0.2
너트	ϕ9	개	0.8	0.5	0.3	0.2	0.1	0.1
패킹재	30w×5t	m	1.1	1.1	1.1	1.1	1.1	1.1
스트롱 앵커	ϕ9 너트 포함	개	0.7	0.5	0.3	0.2	0.1	0.1
컴파운드	비초산계	g	60	60	60	60	60	60
보강바	30×35×0.8t	m			0.6	0.6	0.6	0.6
직결비스	13mm	개			5.6	5.9	5.9	6.0

* 잡재료비는 철판을 포함한 재료비의 2~5%로 계상한다.

각형덕트 제작과정

나. 각형덕트 설치

(m^2당)

구분	규격	덕트공(인)	보통인부(인)
호칭두께	0.5mm	0.182	0.031
	0.6mm	0.171	0.029
	0.8mm	0.179	0.030
	1.0mm	0.219	0.037
	1.2mm	0.252	0.043
	1.6mm	0.317	0.054

주) ① 본 품은 제작이 완료된 상태의 덕트를 설치하는 기준이다.
② 본 품은 지지물 설치, 보강재 설치, 덕트의 접합 및 설치작업이 포함된 것이다.
③ 덕트의 절단, 가공 및 보온은 별도 계상한다.
④ 공구손료 및 경장비(드릴 등)의 기계경비는 인력품의 2%를 계상한다.
⑤ 벽체통과 구간의 콘크리트 깨기(쪼아내기) 등이 필요한 경우에는 별도 계상한다.

참고자료

철판두께의 결정은 장변의 길이로 결정한다.

두께 \ 구분	각형 덕트(mm)		원형 덕트(mm)	
	저속	고속	저속	고속
0.5mm	450 이하	–	450 이하	200 이하
0.6	451~750	–	451~750	201~600
0.8	751~1,500	450 이하	751~1,000	601~800
1.0	1,501~2,250	451~1,200	1,000 이상	801~1,000
1.2	2,251 이상	1,201 이상	–	–

각형 덕트 설치

각형 덕트보온

다. 스파이럴 덕트

(m당)

철판두께	규격(mm)	덕트공(인)	보통인부(인)
0.5mm	ø80~150	0.131	0.017
	160	0.137	0.018
	180	0.151	0.021
	200	0.164	0.023
0.6mm	225	0.181	0.027
	250	0.198	0.030
	275	0.214	0.033
	300	0.231	0.036
	350	0.265	0.043
	400	0.298	0.050
	450	0.376	0.056
	500	0.410	0.063
	550	0.443	0.069
	600	0.476	0.076
0.8mm	650	0.510	0.082
	700	0.543	0.089
	750	0.577	0.095
	800	0.610	0.102
1.0mm	850	0.644	0.108
	900	0.677	0.115
	950	0.711	0.122
	1,000	0.744	0.128

주) ① 본 품은 제작이 완료된 상태의 스파이럴 덕트를 설치하는 기준이다.
② 본 품은 지지물 설치, 보강재 설치, 덕트의 절단, 접합 및 설치작업이 포함된 것이다.
③ 덕트의 보온은 별도 계상한다.
④ 공구손료 및 경장비(절단기, 드릴 등)의 기계경비는 인력품의 2%를 계상한다.
⑤ 벽체통과 구간의 콘크리트 깨기(쪼아내기) 등이 필요한 경우에는 별도 계상한다.

스파이럴 덕트 설치

2) 스테인리스 덕트

가. 덕트 제작

(m²당)

구분	규격	덕트공(인)
호칭두께	0.5mm	0.360
	0.6mm	0.370
	0.8mm	0.400
	1.0mm	0.490

주) ① 기계덕트 제작에 필요한 기계(만곡기, 절단기 등)의 사용료는 제작품에 포함되어 있다.
② 스테인리스 덕트용 재료는 "1. 아연도금강판덕트 가.각형덕트 제작"을 적용한다.

나. 덕트 설치

(m²당)

구분	규격	덕트공(인)	보통인부(인)
호칭두께	0.5mm	0.238	0.041
	0.6mm	0.224	0.038
	0.8mm	0.244	0.042
	1.0mm	0.300	0.051

주) ① 본 품은 제작이 완료된 상태의 덕트를 설치하는 기준이다.
② 본 품은 지지물 설치, 보강재 설치, 덕트의 접합 및 설치작업이 포함된 것이다.
③ 덕트의 절단, 가공 및 보온은 별도 계상한다.
④ 공구손료 및 경장비(드릴 등)의 기계경비는 인력품의 2%를 계상한다.
⑤ 벽체통과 구간의 콘크리트 깨기(쪼아내기) 등이 필요한 경우에는 별도 계상한다.

3) PVC덕트

가. 덕트 제작

(m²당)

구분	규격	덕트공(인)
호칭두께	3mm	0.31

주) 재료량은 다음과 같다.

품명	규격	단위	수량	비고
L형강	25×25×3T	kg	0.9	L형강 조립용
볼트 및 너트	ø8×20ℓ	본	10	
석면테이프	3T×200W	m	0.75	
콤파운드		kg	0.04	
PVC 용접봉	D2.5	kg	0.2	
환 강	ø9	kg	0.5	행거 설치용
너트 및 와셔	ø9	본	0.5	
PVC 앵글	40×40×5T	m	0.25	

* 본 재료량은 PVC판두께 3mm 덕트를 기준한 것이다.
* 잡재료비는 PVC판을 포함한 재료비의 2~5%로 계상한다.

나. 덕트 설치

(m^2당)

구분	규격	덕트공(인)	보통인부(인)
호칭두께	3mm	0.214	0.036

주) ① 본 품은 제작이 완료된 상태의 PVC덕트를 설치하는 기준이다.
② 본 품은 지지물 설치, 보강재 설치, 덕트의 접합 및 설치작업이 포함된 것이다.
③ 덕트의 절단, 가공 및 보온은 별도 계상한다.
④ 공구손료 및 경장비(드릴 등)의 기계경비는 인력품의 2%를 계상한다.
⑤ 벽체통과 구간의 콘크리트 깨기(쪼아내기) 등이 필요한 경우에는 별도 계상한다.

4) 플렉시블 덕트

(개소당)

규격(mm)	폭 50mm 테이프(m)	덕트공(인)
ø100	1.3	0.050
125	1.6	0.060
150	1.8	0.080
175	2.2	0.090
200	2.5	0.100
225	2.8	0.110
250	3.1	0.120
275	3.5	0.140
300	3.8	0.170
350	4.4	0.210
400	5.0	0.250

주) ① 본 품은 덕트 타공, 플렉시블 덕트의 절단, 접합 및 설치작업이 포함된 것이다.
② 덕트의 보온은 별도 계상한다.

플렉시블 덕트 설치

플렉시블 덕트

(2) 부속기기 설치

1) 취출구

(개당)

구분	규격		덕트공(인)
1) 아네모스탯형	목지름 (mm)	100mm 이하	0.434
		200mm 이하	0.506
		300mm 이하	0.542
		400mm 이하	0.578
		500mm 이하	0.596
		600mm 이하	0.651
2) 유니버셜형	단면적 (m^2)	0.04m^2 이하	0.370
		0.06	0.380
		0.08	0.410
		0.10	0.430
		0.15	0.450
		0.20	0.500
		0.25	0.540
		0.30	0.610
		0.35	0.660
		0.40	0.790
3) 펀칭 메탈형	길이 (m)	1m 미만	0.300
		1m 미만(셔터)	0.420
		1m 이상	0.850
		1m 이상(셔터)	1.190
4) 슬롯형	변길이 (m)	1m 미만	0.460
		1m 이상	1.300

주) 본 품은 덕트 연결, 취출구 설치 및 고정작업이 포함된 것이다.

취출구 설치

2) 흡입구 및 댐퍼

(개 당)

구분	규격		덕트공(인)
1) 그릴 (도어그릴)	흡입구 장변길이	1m 미만 1m 이상	0.525 0.840
2) 방화댐퍼	면적	$0.1m^2$ 이하 $0.1m^2$ 증가시	0.415 0.125 가산
3) 풍량조절댐퍼 (수동식)	면적	$0.1m^2$ 이하 $0.1m^2$ 증가시	0.375 0.110 가산
4) 점검구	300mm×300mm 이하		0.355
5) 후드	일반 2중 그리스필터 2중 그리스필터	투영면적 m^2당 〃 m^2당 〃 m^2당 〃 m^2당	0.800 0.960 0.860 1.000

주) 본 품은 덕트 타공, 기기의 설치 및 고정작업이 포함된 것이다.

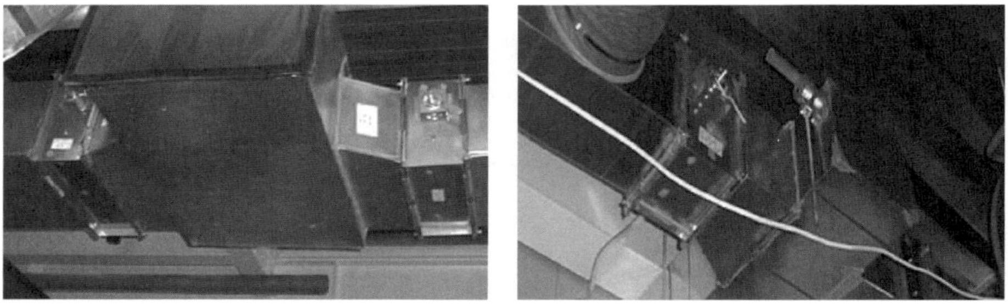

댐퍼 설치

3) 덕트 플렉시블 조인트

(개소당)

송풍기 규격(호칭번호)	덕트공(인)	보통인부(인)
032(2)	0.205	0.062
036($2\frac{1}{3}$)	0.228	0.069
040($2\frac{2}{3}$)	0.252	0.077
045(3)	0.285	0.087
050($3\frac{1}{3}$)	0.320	0.097
056($3\frac{2}{3}$)	0.365	0.111
063(4)	0.421	0.128
071($4\frac{2}{3}$)	0.492	0.150
080($5\frac{1}{3}$)	0.577	0.176
090(6)	0.682	0.207
100($6\frac{2}{3}$)	0.795	0.242
112($7\frac{1}{2}$)	0.944	0.287
125($8\frac{1}{3}$)	0.119	0.341

(계속)

송풍기 규격(호칭번호)	덕트공(인)	보통인부(인)
140(9$\frac{1}{3}$)	1.341	0.408
160(10$\frac{2}{3}$)	1.669	0.508
180(12)	2.034	0.619

주) ① 본 품은 설치 완료된 상태의 송풍기와 덕트를 연결하는 플렉시블 조인트를 설치하는 기준이다.
② 조인트의 규격은 송풍기의 호칭번호를 적용한다.
③ 본 품은 플렉시블 조인트 연결 및 고정작업이 포함된 것이다.

덕트 플렉시블 조인트(캔버스이음)

4) 전실제연 급기댐퍼

구분	단위	수량
덕트공	인	1.931
보통인부	인	0.557

주) ① 본 품은 입상덕트와 연결작업, 슬리브 설치를 위한 앵커부착 및 접착물 보강, 댐퍼 설치작업이 포함된 것이다.
② 댐퍼의 작동을 위한 전선의 연결 및 결선은 제외되어 있다.
③ 슬리브용 철판은 벽두께에 따라 계상한다.
④ 공구손료 및 경장비(절단기 등)의 기계경비는 인력품의 2%를 계상한다.
⑤ 재료량은 다음과 같다.

(m^2 당)

구분	규격	단위	수량
앵 커	$\frac{1}{2}''$	개	20
블라인드 리벳		〃	75
철 물	D22 철근	kg	12.5
실 리 콘		〃	1.25

2.5 자동제어 설비

(1) 자동제어기기 설치

구분	규격	단위	계장공(인)
실내온도조절기	전기전자식	개	0.22
	공기식	〃	0.29
삽입식 온도조절기	덕트용	개	0.43
	배관용	〃	0.90
습도조절기	전기전자식	개	0.22
	공기식	〃	0.29
	덕트용	〃	0.41
댐퍼용 모터		조	0.48
자동조절밸브용 모터		〃	0.22
압력조정기		〃	0.10
스텝제어기		〃	0.48
수동조작기		개	0.38
온 · 습도지시기		〃	1.90
기록계		〃	1.90
액면 지시계류		〃	1.90
전자식 패널		〃	0.95
릴레이류		〃	0.38
현장반	벽붙이용	면	2.85
	스탠드형	〃	6.65
공업용 압력발신기		개	1.90
공업용 차압발신기		〃	1.90

주) 본 품에는 소운반이 포함되어 있다.

(2) 계기반

명칭	규격	단위	계장공(인)	보통인부(인)
분전반	W800×H500×D300 이하	대	4.2	2.8
조작반	W800×H500×D300 이하	대	4.2	2.8
계기반(자립개방)	W1,200×H2,100×D800 〃	면	6.72	4.48
계기반(자립밀폐)	W1,200×H2,100×D800 〃	〃	8.4	5.6
계기반(현장)	W900×H900×D600 〃	〃	5.88	3.92
〃	W1,000×H1800×D600 〃	〃	8.82	5.88
〃	W1,300×H2,000×D700 〃	〃	9.88	6.58
〃	W1,400×H2,000×D700 〃	〃	10.64	7.09

(표 계속)

명칭	규격	단위	계장공(인)	보통인부(인)
계기반(발신기수납상)	1대용(800×1,600×900)	대	2.0	1.33
〃(〃)	2대용(10,000×1,600×900)	〃	2.4	1.60
〃(〃)	3대용(1,200×1,600×900)	〃	2.8	1.86
〃(〃)	4대용(1,400×1,600×900)	〃	3.2	2.13
〃(〃)	5대용(1,600×1,600×900)	〃	3.6	2.39
〃(〃)	6대용(1,800×1,600×900)	〃	4.0	2.65

비고
- 본 품은 완제품 설치 기준이며, 이면반이 있을 경우 본 품의 150%를 계상한다.
- 철거는 본 품의 40%(재사용)를 계상한다.
- 이설은 본 품의 140%를 계상한다.
- 완제품이 아닐 경우는 본 품의 65%를 적용하고 계기 설치는 별도 계상한다.
- 완제품인 경우 계기반에 취부된 계기의 시험조정시는 '2-5-3 플랜트 계기'품의 25%를 가산한다.

주) ① 포장해체, 청소, 내부결선, 소운반 Channel Base 및 기초공사 품이 포함되어 었다.
② 제어 Cable 배선 및 결선은 제외한다.

(3) 플랜트 계기

(단위 당)

명칭	규격	단위	계장공(인)	비고
파이프스텐션	28×1,200－1,600	본	0.37	기초 별도
계기	일반 각종	대	0.30	
발신기	DPT, PT, TT, LT, FT	〃	0.27	
수신기	일반 각종	〃	0.22	
air set		〃	0.22	
변환기	J/P, A/D, P/P, MV/1	〃	0.25	
수동조작기		〃	0.2	
비율설정기		〃	0.2	
기록계		〃	0.75	
현장지시계	LG	〃	0.75	
〃	LPG, VG	〃	0.4	
〃	PG	〃	0.22	
〃	TG	〃	0.15	
플로드식 액면계		〃	1.8	
측온계		〃	0.15	
분석계	적외선식, 자기식	〃	12.0	
Mono Meter		SET	0.3	
Thermocouple		대	0.37	
disposer	외통식	〃	3.0	
스위치	일반 각종	〃	0.22	

(단위 당)

명칭	규격	단위	계장공(인)	비고
전자 Valve	소형	대	0.1	2방변
	대형	〃	0.3	3방변 4방변
강압 Valve	소형	〃	0.1	단체용
	대형	〃	0.3	대용량용
여과기	소형	〃	0.1	단체용
	대형	〃	0.3	대용량용
조절 Valve	1B	〃	0.8	
〃	2B	〃	1.0	
〃	3B	〃	1.2	
〃	4B	〃	1.5	
Butterfly Valve	ϕ200	〃	1.2	
〃	300	〃	2.5	
〃	400	〃	3.7	
〃	500	〃	5.0	
Orifice	ϕ200 이하	〃	0.5	
〃	ϕ200~500	〃	0.7	
〃	ϕ501 이상	〃	1.0	
출력 Gauge	공기식	〃	0.22	
Cylinder Valve		〃	4.5	
탈습장치		〃	22.5	after-cooler separator 포함
탁도검출기		〃	0.4	
P · Hmeter 검출기		〃	0.4	
X-Ray 발생장치		Set	15.0	
α -Ray 발생장치		〃	15.0	
Power Pack		〃	3.0	
현장조절계	일반 각종	대	0.75	
중성자발생장치	〃	〃	15.0	
FLAME DETECTOR		Set	0.25	

비고 - 방폭공사시는 본 품의 20%를 가산한다.
- Loop 시험시는 본 품의 25%를 가산한다.
- 철거는 본 품의 40%를 계상한다.
- 이설은 본 품의 140%를 계상한다.

(4) 계량기 설치

명칭	규격	단위	계장공(인)	보통인부(인)
Hopper Scale	대(30 Ton 이상)	대	10.8	7.2
〃	중(15~29 Ton)	〃	9.0	6.0
〃	소(14 Ton 이하)	〃	7.2	4.8
Conveyor Scale	대(500 T/H 이상)	〃	12.0	8.0
〃	중(100~400 Ton)	〃	9.0	6.0
〃	소(90 Ton 이하)	〃	7.2	4.8
대형 개량장치	대(50 Ton 이상)	〃	15.0	10.0
〃	중(10~40 Ton)	〃	10.8	7.2
〃	소(9 Ton 이하)	〃	7.2	4.8

비고 - 옥외 노출 공사시 본 품의 10%를 가산한다.
- 시험조정(분동시험)시는 Hopper Scale 30%를 가산한다. Conveyor Scale 20%를 가산한다. 대형 개량장치 25%를 가산한다.
- 철거는 본 품의 40%로 계상한다.
- 이설은 본 품의 140%로 계상한다.

주) ① 기계설치는 제외되어 있다.
② 분동, Test Chain 운반 및 사용료는 별도 계상한다.
③ 관청인가 검정료는 별도 계상한다.

(5) 도압 배관

명칭	규격	단위	계장공 (인)	배관공 (인)	보통인부 (인)	비고
유량(액면)계 배관	SGP STPG38 (SCH40)1/2B	m	0.1	0.1	0.2	SCH 80은 10% 가산
압력계 배관	SGP STPG38 (SCH40)1/2B	m	0.1	0.15 0.1	0.2 0.1	SUS 27은 30% 가산
Valve 조립	용 접	개		0.1	0.1	
Drain Pot	1/2B	〃		0.1	0.1	
Seal PoT	〃	〃		0.1	0.1	
Condenser Pot	〃	〃	0.1		0.1	
3-Way Valve	〃	〃		0.2	0.2	
Steam Trap	〃	〃		0.1	0.1	

비고 - Loop 시험(Leak Test 포함)은 20%를 가산한다.
- 철거시 40%(재사용), 이설시 140%로 계상한다.
- 화기사용 금지구역은 본 품의 1.5배를 가산한다.

주) ① 본 품에는 관의 절단, 나사내기, 체결, 용접, 구부림 등의 품이 포함되어 있다.
② Union, Elbow, Tee 부속품, 취부품이 포함되어 있다.

(6) Control Air 배관

(m 당)

명칭	규격	Screw형	용접
		계장공	계장공
SGP 및 STPG 38(SCH 40)	1/2B 3/4B 1B 11/2B 2B	0.18 0.21 0.24 0.36 0.48	0.21 0.26 0.29 0.43 0.58
Valve(개 당)	각종	0.15	0.20

비고 – 화기사용 금지구역은 1.5배 가산한다.
– Flange 접속, 고압 및 특수강관은 20% 가산한다.
– Stainless관은 30% 가산한다.
– 철거시 40%(재사용), 이설시 140%로 계상한다.
– Loop 시험은 25%를 가산한다.

주) ① 도입배관 및 Process 배관에는 적용치 않는다.
② 배관지지물은 별도 계상한다.
③ 관의 절관, 나사내기, 구부림, Union Elbow, Tee 부속품, 설치품은 포함되어 있다.

(7) 압축공기 발생장치 및 공기관 배관

명칭	규격	단위	계장공	보통인부
압축공기발생 장치	5kg/㎠ 이하 10kg/㎠ 이하 30kg/㎠ 이하	조 당 〃 〃	1.40 2.90 8.50	0.40 0.90 2.50
주공기 Tank	500 ℓ 〃 700 ℓ 〃 700 ℓ 이상	〃 〃 〃	2.60 3.00 4.50	0.80 1.50 2.50
유니온 엘보	20～25mm	개 당	0.25	0.05
유압 Cylinder	60K 90K 130K	대 〃 〃	0.70 0.80 1.00	
Oil Pump	0.75 ㎾ 1.50 ㎾ 2.25 ㎾ 3.00 ㎾	대 〃 〃 〃	1.50 1.60 1.70 1.80	
Air Cylinder	ϕ100 이하 ϕ100 이상	대 〃	1.00 1.20	
Air Compressor	소 형 대 형	대 〃	1.50 2.00	
제습기		대	1.50	
공기압축기시험		조 당	1.00	1.00
조작함(설비물)	분전반, 계기, 스위치, 기타	조 당	2.00	1.00

비고 – 철거시 40%, 이설시 140%를 계상한다.
– 시험시 기계 기술자 1인을 가산한다.

(8) 중앙처리장치(CPU) 설치 (2003년 신설)

공정	단위	기사	계장공
설치	인/Point	0.061	0.029
통신상태 점검	인/DDC	–	0.718
점검 · 시험	인/point	0.005	0.019

주) ① 본 품은 개발되어 있는 프로그램을 중앙처리장치에 설치하고 현장특성에 맞추어 프로그램을 수정 · 보완하는 것으로 소운반이 포함되어 있다.
② 본 품은 프로그램으로 중앙처리장치와 DDC(Direct Digital Controller) 사이를 연결하는 것이다. 다만, Service Module이 설치된 통신상태 점검은 DDC에 포함된 것으로 본다.
③ 중앙처리장치와 DDC 사이의 전선, 통신선 설치품은 별도 계상한다.
④ 본 품은 중앙처리장치에 Control 등록, 입 · 출력 Point 등록을 포함한다.
⑤ 그래픽작업은 장비별로, 보고서는 일간, 월간, 년간 각각 작성하는 것을 기준한 것이다.
⑥ 시설물 준공 후, 시스템 운영 · 관리에 지원이 필요한 경우 다음 기준에 따라 별도 가산한다.

기간	3개월	6개월
가산율	점검 · 시험 품의 15%	점검 · 시험 품의 30%

(9) 입 · 출력장치 (I/O Equipment) 설치 (2003년 신설)

공정	단위	기사	계장공
설치	인/Point	0.008	0.042
점검 · 시험	인/Point	0.046	0.080

주) ① 본 품은 DDC(단자함 내의 결선 포함)을 설치하고, 점검 · 시험 및 소운반이 포함되어 있다.
② 본 품은 프로그램으로 DDC와 현장계기 사이를 연결하고, Hardware와 프로그램을 Setting하는 것이다.
③ DDC와 현장계기 사이의 전선, 통신선 설치품과 DDC외함 설치품은 별도 계상한다.
④ 시설물 준공 후, 시스템 운영 · 관리에 지원이 필요한 경우 다음 기준에 따라 별도 가산한다.

기간	3개월	6개월
가산율	점검 · 시험 품의 20%	점검 · 시험 품의 40%

(10) 콘솔 (Console) 설치 (2003년 신설)

공정	단위	기사	계장공
조립 및 설치	인/대	–	6.8
시험 및 조정	인/대	1.9	–

주) ① 본 품은 Desk를 현장에서 조립 · 설치하고 PC, Keyboard, Monitor, Print를 설치하는 것으로 소운반이 포함되어 있다.
② 본 품은 PC를 Hard Formatting하고 운영체계를 Hard에 Setup한다.

2.6 시운전

(1) 시운전

명칭	적용	단위	배관공	덕트공	비고
배관계통	배관, 밸브류의 조정	m	0.026		주관 연장
덕트계통 (공조, 환기, 배연)	풍량조절댐퍼, 방화댐퍼의 조정, 풍량, 풍속, 소음의 측정, 필요 개소의 온습도 측정	m^2 m		0.021 0.012	각형 덕트 스파이럴 덕트
주기계 실내기기	보일러, 냉동기 등의 점검, 조정, 계기측정 기록, 기타 건물 연면적 5,000m^2 이하 6,000～15,000m^2 16,000～30,000m^2	 1식 1식 1식	 8.0(4.0) 12.0(6.0) 16.0(8.0)		( )는 온풍난방의 경우
각층 기계, 실내기기	에어핸들링 유닛의 조정 등	대	1.2		
팬코일 유닛	조정	대	0.08		

주) ① 본 품은 난방 및 공조계통에 대한 각각의 설비를 완료하고 시운전 및 조정을 실시할 경우 적용한다.
② 배관계통에 있어서 주관이란 시운전 및 조정을 요하는 보일러 또는 냉동기와 에어핸들링 유닛 또는 냉각탑(공냉식 옥외기 포함)을 연결하는 증기, 냉온수 및 냉각수 배관을 말하며 방열기 또는 팬코일 유닛을 설치하는 경우에는 입상관에서의 분기관 또는 수평 주기관에서의 분기관을 제외한다.

(2) 건물의 냉난방 및 공조설비 정밀진단(T.A.B) (1992년 보완)

정밀진단이 필요한 경우 전체시스템, 공기분배계통, 물분배계통, 소음 및 진동 등의 T.A.B.(Testing, adjusting and balancing)에 필요한 비용은 별도 계상할 수 있다.

참 고

'2.6.1 시운전'은 난방 및 공조계통에 대한 설비를 완료하고 실시하는 시운전이며, '2.6.2 건물의 냉난방 및 공조설비 정밀진단(T.A.B.)"은 전체 공조시스템에 대한 정밀진단이 필요한 경우 계상하는 품으로(주로 외부전문기관에 의뢰하여 실시) 별개의 공정이다. 따라서 시운전 및 검사를 시공회사에서 일괄 실시하는 경우에는 중복 계상할 수 없다.

TAB 실시 중(공기분배계통)

위생 및 소화설비공사 3

3.1 위생기구 설치

(1) 소변기 설치

(개당)

구분	단위	수량			
		소변기		소변기 세정용 전자감응기	
		스톨 소변기	벽걸이 스톨 소변기	소변기일체형	노출형
위생공	인	0.747	0.784	0.049	0.160
보통인부	인	0.241	0.253	–	–

주) ① 본 품은 소운반, 앵커 및 지지철물 설치, 플랜지 설치, 앵글밸브, 연결관 설치, 교정작업, 시멘트 충전 및 코킹작업, 통수시험 및 조정을 포함한다.
② 전자감응기 설치에는 결선작업이 포함되어 있다.

소변기 설치(벽걸이형)

소변기 설치(바닥설치형)

(2) 대변기 설치 (2014년 보완)

(개당)

구분	단위	수량		
		동양식 대변기	양식 대변기	
		F.V용	로탱크용	F.V용
위생공	인	0.605	0.694	0.669
보통인부	인	0.174	0.200	0.193

주) 본 품은 소운반, 플랜지 설치, 앵글밸브, 연결관 및 탱크 설치, 교정작업, 시멘트 충전, 통수시험 및 조정을 포함한다.

한국 동양식 대변기(F/V용)

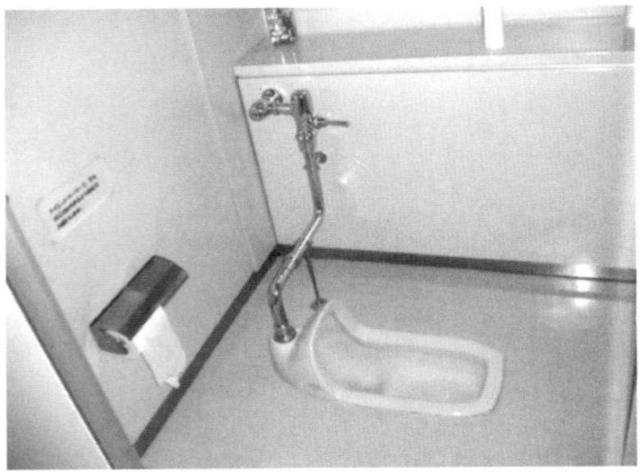
일본 동양식 대변기(F/V용)

양식 대변기(F.V용)

양식 대변기(로탱크용)

(3) 도기세면기 설치 (2014년 보완)

(개당)

구 분	단위	수량
위생공	인	0.275
보통인부	인	0.065

주) 본 품은 소운반, 앵커 설치, 배수구 연결, 세면기 설치, 팝업, 배관커버 설치, 교정 및 코킹작업, 통수시험을 포함한다.

도기 세면기 설치(자동수전)

도기 세면기 설치(혼합수전)

(4) 카운터형 세면기 설치 (2014년 보완)

1) 세면기 · 세면대 일체형

(개당)

구 분	단위	수량
위생공	인	0.240
보통인부	인	0.094

주) ① 본 품은 소운반, 앵커 설치, 배수구 연결, 세면기 설치, 팝업, 교정 및 코킹작업, 통수시험을 포함한다.
② 세면기 하부에 배관커버가 필요한 경우 별도 계상한다.

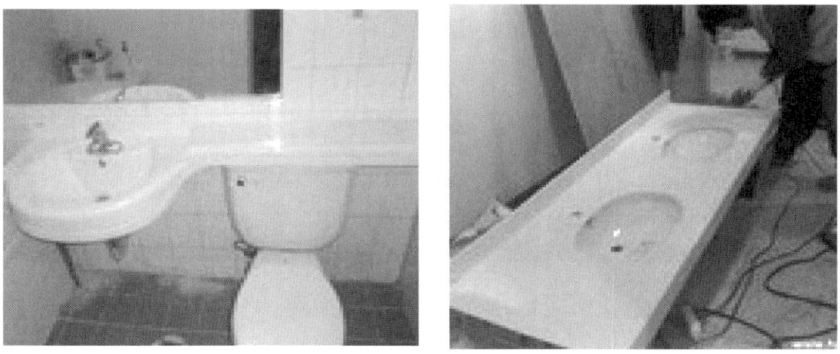

세면기 · 세면대 일체형

2) 세면기 · 세면대 분리형

(개당)

구 분	단위	수량
위생공	인	0.285
보통인부	인	0.112

주) ① 본 품은 소운반, 앵커 설치, 브래킷 설치, 세면대, 세면기 설치, 배수구 연결, 팝업, 교정 및 코킹작업, 통수시험을 포함한다.
② 세면기 하부에 배관커버가 필요한 경우 별도 계상한다.

세면기 · 세면대 분리형

(5) 욕조 설치 (2014년 보완)

(개당)

구 분	단위	수량
위생공	인	0.634
보통인부	인	0.203

주) ① 본 품은 욕조(월풀욕조 제외)를 설치하는 품이다.
② 본 품은 소운반, 지지대, 배수구 연결, 모르타르충전, 욕조 설치, 에이프런 설치, 코킹작업, 욕조보양재 제거, 검사 및 조정 품을 포함한다.

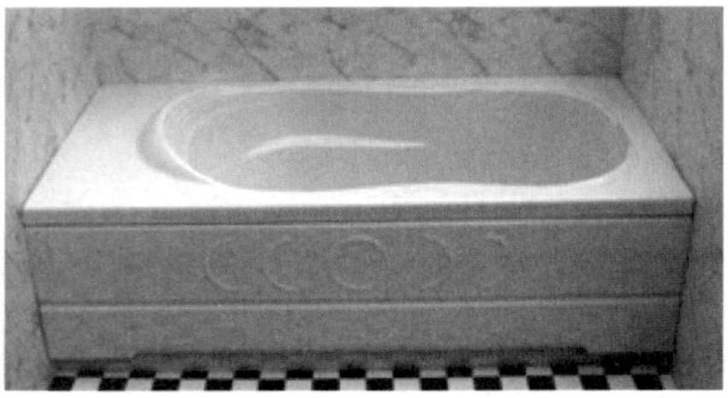

욕조 설치

(6) 청소용 수채 설치 (2014년 보완)

(개당)

구 분	단위	수량
위생공	인	0.250
보통인부	인	0.096

주) 본 품은 소운반, 앵커 설치, 배수구 연결, 교정 및 코킹작업, 통수시험을 포함한다.

(7) 바닥배수구 설치 (1993년 신설, 2007년, 2014년 보완)

(개소당)

구 분	단위	수량(규격)		
		ø50mm	ø75mm	ø100mm
위생공	인	0.115	0.151	0.164
보통인부	인	0.039	0.051	0.055

주) ① 본 품은 옥내 일반바닥배수구 설치기준으로 트랩이 포함된 것이다.
② 본 품은 하부 성형슬리브, 소운반, 바닥배수구 설치 및 통수시험 등이 포함된 것이다.

월 트랩

일반형 하우징 트랩

일체형 배수트랩

일반형 하우징 트랩(세탁)

트랩 설치

(8) 수전 설치 (2014년 보완)

1) 욕조수전

(개당)

구분	단위	수량			
		욕조혼합수전		샤워헤드걸이	
		매립형	호스형	고정식	높이조절식
위생공	인	1.000	0.087	0.071	0.099
보통인부	인	0.200	0.017	–	–

주) ① 본 품은 소운반, 연결구 플러그 제거, 니플 조정, 실테이프 감기, 활자금 설치, 천공 및 목심 설치, 호스 및 헤드 연결, 작동시험을 포함한다.
② 욕조혼합수전(매립형)의 품은 매립 배관품이 포함되어 있다.

욕조 혼합수전(호스형)

2) 세면기수전

(개당)

구 분	단위	수량
위생공 보통인부	인 인	0.139 0.028
비고 – 냉수 또는 온수만 전용으로 하는 수전은 30% 감하여 적용한다.		

주) ① 본 품은 세면기 혼합수전 설치 품이다.
② 본 품은 소운반, 연결구 플러그 제거, 실테이프 감기, 니플 및 앵글밸브 설치, 연결관 설치, 활자금 설치, 작동시험을 포함한다.
③ 살수전 설치품은 동일하게 적용한다.

세면기 수전 설치

살수전

3) 싱크수전

(개당)

구 분	단위	수량
위생공 보통인부	인 인	0.164 0.033

주) ① 본 품은 싱크 혼합수전(대붙이형) 설치 품이다.
② 본 품은 소운반, 연결구 플러그 제거, 니플 및 앵글밸브 설치, 실테이프감기, 연결관 설치, 싱크대 하부 보강판 및 패킹 설치, 작동시험을 포함한다.

싱크 수전 설치

4) 손빨래수전

(개당)

구 분	단위	수량
위생공 보통인부	인 인	0.087 0.017
비고 - 냉수 또는 온수만 전용으로 하는 수전은 30% 감하여 적용한다.		

주) ① 본 품은 발코니 벽체에 벽붙이형 손빨래 혼합수전 설치 품이다.
② 본 품은 소운반, 연결구 플러그 제거, 실테이프 감기, 니플 설치, 활자금 설치, 작동시험을 포함한다.

손빨래 혼합수전 설치

(9) 욕실 금구류 설치 (2007년 신설, 2014년 보완)

(개당)

구분		단위	위생공
화장경	$0.5m^2$ 미만	인	0.189
	$0.5\sim1.0m^2$ 미만	인	0.229
	$1.0\sim1.5m^2$ 미만	인	0.292
수건걸이	B AR형	인	0.099
	환형	인	0.071
휴지걸이 비누대, 컵대 옷걸이		인 인	0.071 0.071 0.071

주) ① 본 품은 소운반, 천공 및 브래킷 설치, 칼블럭 설치, 금구류 설치를 포함한다.
② 화장경 설치는 거울 주위 코킹을 포함한다.

화장경, 수건걸이

비누대, 컵대

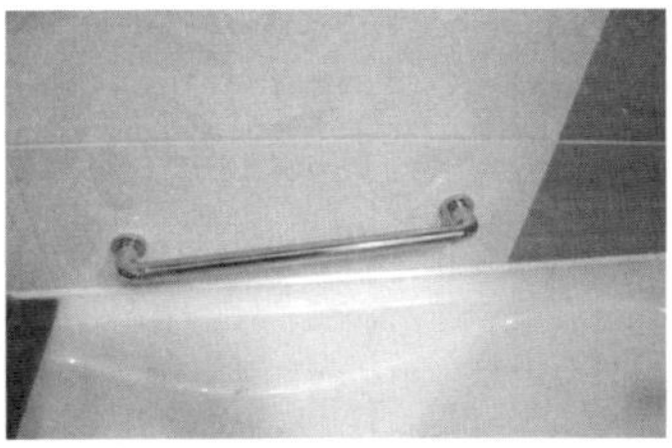
욕조 손잡이

휴지걸이

옷걸이

수건걸이(바형)

3.2 소화설비

(1) 소화전 설치 (2007년 보완, 2014년 보완)

(조당)

구분		규격	단위	수량	
				배관공	보통인부
옥내 설비	옥내 소화전함	매립형	인	0.906	0.375
		노출형	인	0.816	0.338
	방수구	40mm	인	0.078	-
		65mm	인	0.115	-
	송수구	단구형	인	0.400	-
		쌍구형	인	0.600	-
		단구스탠드형	인	0.800	-
		쌍구스탠드형	인	1.200	-
옥외 설비	옥외 소화전	지하식 단구형	인	0.500	-
		지하식 쌍구형	인	0.600	-
		지상식 단구형	인	0.620	-
		지상식 쌍구형	인	1.500	-
소화용구 격납상자			인	0.625	0.250
비고	- 철거는 신설의 50%(재사용을 고려하지 않을 때)를 계상한다.				

주) ① 본 품은 소운반, 설비별 설치품을 포함한다.
② 옥내소화전함 설치 품에는 호스걸이 및 기타 장치 설치품이 포함되어 있다.
③ 소화전 내부 전기설비, 주위배관, 보온은 별도 계상한다.

옥외소화전 설치

옥내소화전 설치

(2) 스프링클러 설치 (2011년 보완, 2014년 보완)

구분			규격	단위	배관공	보통인부
기계설비	경보밸브장치	알람밸브	φ65	인/조	1.230	–
			80		1.510	–
			100		1.660	–
			125		1.802	0.190
			150		2.020	0.190
		준비작동식 밸브	φ80	인/조	1.830	–
			100		2.010	–
			125		2.190	0.190
			150		2.440	0.190
		드라이밸브	φ100	인/조	2.110	–
			150		2.560	0.190
	스프링클러헤드			인/개	0.092	0.037
	관말시험밸브			인/개	0.356	0.144
	압력공기탱크			인/개	1.782	0.718
	마중물탱크		100～150ℓ	인/대	2.060	–
	연결송수구			인/대	0.620	–
	유량측정장치			인/조	1.030	–
전기설비	펌프기동반		7.5㎾ 이하	인/면	2.580	–
			11～19㎾	인/면	2.890	–
			22㎾	인/면	3.400	–
	벨			인/개	0.210	–

주) ① 본 품은 스프링클러 시스템의 설비별 설치 품 기준이다.
② 본 품에는 소운반, 설비별 설치품을 포함한다.
③ 경보밸브장치는 자동경종장치, 배수밸브, 작동시험밸브, 압력스위치, 압력계 부착 등을 포함한다.
④ 탬퍼스위치 결선, 종단저항 설치, 주위배관 및 보온은 별도 계상한다.

스프링클러 펌프 주위배관 및 헤드 설치

(3) 소화약제 소화설비

구분		규격	단위	배관공(인)
기계설비	선택밸브	ϕ25 이하	인/개	0.52
		32 이하	〃	0.82
		40 이하	〃	0.82
		50 이하	〃	0.82
		65 이하	〃	1.03
		80 이하	〃	1.24
		100 이하	〃	2.06
		125 이하	〃	2.06
		150 이하	〃	2.06
	가스분사헤드	노출형	인/개	0.21
		매입형	〃	0.41
	용기지지대	5본 이하	인/조	1.03
		6~10본	〃	1.55
		11~20본	〃	2.06

(표 계속)

구분		규격	단위	배관공(인)
기계 설비	용기집합함	5본 이하 6~10본	조 〃	0.42 0.72
	기동용기		인/조	
	수동기동함		인/개	
	압력스위치		인/개	
	역지밸브		인/개	
전기 설비	배전반	1~3실용 4~6실용	인/면 〃	2.06 3.09
	단자함	대형 소형	인/면 〃	0.41 0.21
	가스방출표시등함		인/개	0.41
	모터사이렌		인/개	0.31
	벨		인/개	0.21

주) ① 본 품은 소화약제 소화설비의 설비별 설치 품 기준이다.
② 본 품에는 소운반, 설비별 설치품이 포함되어 있다.
③ 소화약제 용기설치는 규격별, 약제별로 별도 계상한다.

이산화탄소 저장용기

분사 헤드

할로겐화물 저장용기

(4) 자동식 소화기 설치 (1999년 신설, 2014년 보완)

(개 당)

구분	단위	수량
기계설비공 보통인부	인 인	0.212 0.117

주) ① 본 품은 세대내 레인지후드에 자동식 소화기를 설치하는 품이다.
② 본 품은 소운반, 구멍뚫기, 분사노즐, 탐지부, 조작부, 수신부, 자동식 소화기 및 지지철물 설치를 포함한다.
③ 본 품은 제어배선의 결선은 포함되어 있으나 제어배관 및 입선은 별도 계상한다.
④ 가스차단 밸브설치품은 별도 계상한다.

(5) 완강기 실치 (2004년 신설, 2009년 보완, 2014년 보완)

(개 당)

구분	단위	수량
기계설비공 보통인부	인 인	0.094 0.046

주) ① 본 품은 피난용 완강기를 설치하는 품이다.
② 본 품에는 소운반, 완강기 지지대, 보호함, 안전표시 설치를 포함한다.

가스설비공사 4

4.1 배관공사

(1) 강관 (2015년 보완)

1) 부설 및 접합(용접식)

가. 부설

(m 당)

규격(mm)	인력시공		기계시공		
	배관공(인)	보통인부(인	배관공(인)	보통인부(인)	크레인(hr)
ø15	0.022	0.005	–	–	–
20	0.024	0.006	–	–	–
25	0.032	0.007	–	–	–
32	0.037	0.008	–	–	–
40	0.043	0.010	–	–	–
50	0.052	0.012	–	–	–
65	0.060	0.014	–	–	–
80	0.072	0.017	–	–	–
100	0.094	0.022	–	–	–
125	0.117	0.027	–	–	–
150	0.136	0.031	0.051	0.012	0.04
200	0.202	0.047	0.076	0.018	0.06
250	0.266	0.061	0.100	0.023	0.07
300	0.333	0.077	0.126	0.029	0.09
350	0.409	0.094	0.154	0.035	0.11
400	0.482	0.111	0.182	0.042	0.13

주) ① 본 품은 중압 이하의 가스용 강관을 부설하는 기준이다.
② 본 품은 절단 및 가공, 부설 및 표시용 비닐깔기작업이 포함된 것이다.
③ 강관 부설시 터파기, 되메우기, 기초 및 흙막이, 잔토처리 및 물푸기, 기밀시험은 별도 계상한다.
④ 크레인의 규격은 10톤급 트럭탑재형 크레인을 기준으로 한다.
⑤ 공구손료 및 경장비(절단기 등)의 기계경비는 다음의 요율을 계상한다.

인력시공	기계시공
인력품의 1%	인력품의 3%

⑥ 지지철물을 설치하여 시공되는 경우에는 기계설비 '1-1-2 금속관 배관'을 참고하여 계상한다.

나. 접합

(용접개소당)

규격(mm)	플랜트 용접공(인)	규격(mm)	플랜트 용접공(인)
ø15	0.044	100	0.159
20	0.049	125	0.191
25	0.058	150	0.223
32	0.069	200	0.287
40	0.076	250	0.351
50	0.091	300	0.415
65	0.111	350	0.462
80	0.127	400	0.526
비고 - 아크용접으로 가스용 강관을 접합하는 경우는 본 품의 5%를 감한다.			

주) ① 본 품은 아르곤용접으로 가스용 강관을 접합하는 기준이다.
② 용접접합에 필요한 부자재는 별도 계상한다.
③ 공구손료 및 경장비(용접기 등)의 기계경비는 인력품의 3%를 계상한다.

2) 배관(나사식)

(접합개소당)

규격(mm)	배관공(인)	보통인부(인)
ø20	0.061	0.017
25	0.087	0.024
32	0.109	0.030
40	0.123	0.034
50	0.168	0.046

주) ① 본 품은 중압 이하의 가스용 강관의 나사식 접합 및 배관 기준이다.
② 본 품은 절단, 나사홈가공, 배관 및 나사접합 작업이 포함된 것이다.
③ 공구손료 및 경장비(절단기, 나사홈가공기 등)의 기계경비는 인력품의 2%를 계상한다.

④ 재료량은 다음과 같다.

(접합개소당)

구경(mm)	스레트실테이프(㎝)		컴파운드(g)
ø20	13mm	34.3	3.0
25	〃	43.0	4.2
32	〃	53.8	5.8
40	〃	78.7	7.3
50	〃	95.1	10.6

(2) PE관

(개소당)

관경(mm)	배관공(인)	보통인부(인)
ø25	0.081	0.019
32	0.094	0.022
40	0.108	0.025
50	0.141	0.033
63	0.184	0.043
75	0.210	0.049
90	0.244	0.057
110	0.288	0.067
125	0.22	0.075
140	0.355	0.083
160	0.400	0.094
180	0.444	0.104
200	0.489	0.114
225	0.545	0.127
250	0.601	0.140
280	0.667	0.156
315	0.745	0.174
355	0.835	0.195
400	0.935	0.219

주) ① 본 품은 가스용 폴리에틸렌(PE)관을 버트융착식으로 접합 및 부설하는 기준이다.
② 전기융착기를 사용하여 전자소켓으로 폴리에틸렌관을 접합 및 부설하는 경우에도 본 품을 적용한다.
③ 본 품은 절단, 부설 및 접합, 표시용 비닐깔기작업이 포함된 것이다.
④ PE관 부설시 터파기, 되메우기, 기초 및 흙막이, 잔토처리 및 물푸기, 기밀시험은 별도 계상한다.
⑤ 공구손료 및 경장비(융착기, 절단기 등)의 기계경비는 인력품의 5%를 계상한다.

4.2 부속기기 설치

(1) 분기공

(개당)

규격(mm)	배관공(인)	보통인부(인)	플랜트용접공(인)
ø20~25 40 ~50 65 80 100 125 150 200 250 300 350 400	0.193 0.317 0.363 0.425 0.503 0.580 0.735 0.890 1.045 1.200 1.354	0.134 0.187 0.219 0.252 0.295 0.348 0.509 0.616 0.724 0.831 0.938	0.290 0.406 0.476 0.546 0.639 0.755 0.872 1.105 1.337 1.570 1.803 2.036

주) ① 본 품은 기존관 절단 후 T형분기관(개)을 설치하여 분기하는 기준이다.
② 본 품은 절단 및 가공, T형관 부설 및 접합 작업이 포함된 것이다.
③ 분기공 시공시 터파기, 되메우기, 기초 및 흙막이, 잔토처리 및 물푸기, 기밀시험은 별도 계상한다.
④ 공구손료 및 경장비(절단기, 용접기 등)의 기계경비는 인력품의 1%를 계상한다.

(2) 밸브 설치

(개당)

구경　　명칭	배관공	보통인부
ø15~25	0.197	0.064
32~50	0.308	0.100
65	0.375	0.121
80	0.442	0.143
100	0.531	0.172
125	0.642	0.208
150	0.754	0.244
200	0.976	0.316
250	1.199	0.389
300	1.422	0.461
350	1.645	0.533
400	1.868	0.605

주) ① 본 품은 설치 위치 선정, 밸브 설치, 작동시험 및 마무리 작업이 포함된 것이다.
　② 공구손료 및 경장비(절단기 등)의 기계경비는 인력품의 2%를 계상한다.

(3) 가스미터 설치 (2015년 보완)

1) 직독식

(개소당)

구분	단위	ø15mm	ø20~25mm
배관공 보통인부	인 인	0.209 0.052	0.250 0.063

주) ① 본 품은 가스미터를 세대 내에 설치하는 기준이다.
② 본 품은 가스미터 설치 및 고정, 작동시험 및 마무리작업이 포함된 것이다.
③ 재료량은 다음과 같다.

구경(mm)	스레트실테이프(㎝)	컴파운드(g)
ø15 ø20~25	45.7㎝ 68.6㎝	4g 6g

2) 원격식

(개소당)

구분	단위	ø15mm	ø20~25mm
배 관 공 보 통 인 부	인 인	0.230 0.057	0.270 0.068

주) ① 본 품은 원격식 가스미터를 세대 내에 설치하는 기준이다.
② 본 품은 가스미터 설치 및 고정, 전선관 결선, 작동시험 및 마무리작업이 포함된 것이다.

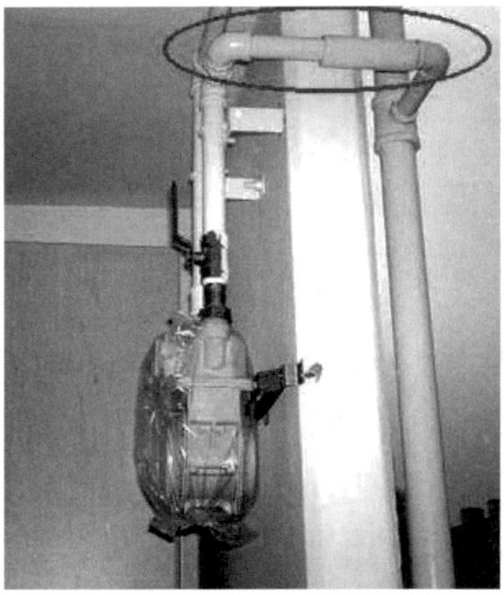

4.3 기밀시험

(1) 강관 기밀시험 (2015년 보완)

(구간당)

구경(mm)	배관공	보통인부	구경(mm)	배관공	보통인부
ø80	1.00	1.50	ø250	1.50	2.30
100	1.00	1.50	300	1.50	2.30
150	1.20	1.80	350	1.80	3.00
200	1.20	1.80	400	1.80	3.00

주) ① 1구간은 100m를 기준한 것이다.
② 본 품은 기밀시험 및 시험 전후의 배관 내부에 오물 및 지하수 유입 방지를 위한 맹판접합 및 철거작업이 포함된 것이다.
③ 기밀시험에 소요되는 재료 및 기구류(맹판, 컴프레서 등)의 사용료는 별도 계상한다.

(2) 내관 기밀시험

(호당)

구분	구경(mm)	배관공(인)	보통인부(인)
단독주택	ø20~25	0.20	0.20
집단아파트	ø20~25	0.10	0.10

주) ① 단독주택 1호당 2회 시행하는 품이다.
② 집단아파트 1호당 2회 시행하는 품이다.
③ 기밀시험에 필요한 맹관접합 및 맹대와 수주(水柱)기 손료는 별도 계상한다.

(3) 공급관 기밀시험

(구간당)

구분	구경(mm)	배관공(인)	보통인부(인)
지하매설 공급관 집단아파트 상승관	ø30~50 ø30~50	1.00 0.50	1.00 0.50

주) ① 1구간 지하매설 공급관 품은 100m당 2회 시행하는 품이다.
② 1구간 집단아파트 상승관 품은 20m당 2회 시행하는 품이다.
③ 기밀시험에 필요한 맹관 접합 및 맹대와 수주기 손료는 별도 계상한다.

4.4 시험점화

(호당)

구분	배관공(인)	보통인부(인)
단독주택 집단아파트	1.00 0.50	1.00 0.50

주) ① 본 품은 단독주택 10호당 1조 및 집단아파트 20호당 1조 기준한 품이다.
② 본 품은 관 내부의 공기를 가스로 완전 치환하여 연소기구로 점화상태를 시험하는 데 필요한 품이다.
③ 기구손료는 인력품(연소기 및 호스)의 2%로 계상한다.

연습문제 5

문제 1

다음 공사원가계산서(총괄표)를 완성하시오.

구분	금액	구성비
1. 재료비	5,000,000	
2. 직접노무비	7,000,000	
소 계	12,000,000	
3. 간접노무비	1	직접노무비의 14.3%
계	2	
4. 경비		
1) 산재보험료	3	노무비의 3.4%
2) 안전관리비	4	(재+직노)의 2.48%
3) 기타 경비	5	(재+노)의 5.5%
소 계	6	
계	7	
5. 일반관리비	8	(재+노+경)의 5.5%
계	9	
6. 이윤	10	(노+경+일)의 15%
합 계	11	단위는 천단위로

풀이

1. 간접노무비는 직접노무비의 14.3%이므로
   7,000,000×0.143=1,001,000원
2. 계는 지금까지의 합한 금액이므로
   5,000,000+7,000,000+1,001,000=13,001,000원
3. 산재보험료는 노무비의 3.4%이므로
   (노무비=직접노무비+간접노무비)
   (7,000,000+1,001,000)×0.034=272,034원

4. 안전관리비는 (재료비+직접노무비)의 2.48%이므로
(5,000,000+7,000,000)×0.0248=297,600원
5. 기타 경비는 (재료비+노무비)의 5.5%이므로
(1,001,000+7,000,000+5,000,000)×0.055=715,055원
6. 소계는 경비만의 합계이므로
경비=272,034+297,600+715,055=1,284,689원
7. 계는 (2+소계6)이므로 (13,001,000+1,234,689)=14,285,689원
8. 일반관리비는 (재+노+경)의 5.5%이므로
14,285,689×0.055=785,712원
9. 계는 여기까지의 합계이므로
14,285,689+785,712=15,071,401원
10. 이윤은 (노+경+일)의 15%이므로
(7,000,000+1,001,000+1,284,689+785,712)×0.15=1,510,710원
합계액의 천단위 맞춤으로 1,510,599원이 된다.
11. 합계는 천단위로 정리해야 하므로
15,071,401+1,510,710=16,582,111 → 16,582,000원
• 111원은 이윤에서 공제하므로 이윤은
(1,510,710−111=1,510,599원)이다.

구분	금액	구성비
1. 재료비	5,000,000	
2. 직접노무비	7,000,000	
소 계	12,000,000	
3. 간접노무비		직접노무비의 14.3%
계	1,001,000	
4. 경비	13,001,000	
1) 산재보험료	272,034	노무비의 3.4%
2) 안전관리비	297,600	(재+직노)의 2.48%
3) 기타 경비	715,055	(재+노)의 5.5%
소 계	1,284,689	
계	14,285,689	
5. 일반관리비	785,712	(재+노+경)의 5.5%
계	15,071,401	
6. 이윤	1,510,599	(노+경+일)의 15%
합 계	16,582,000	단위는 천단위로

문제 2

다음 그림의 ∅65×50×65 2방밸브 장치의 수량을 산출하시오.

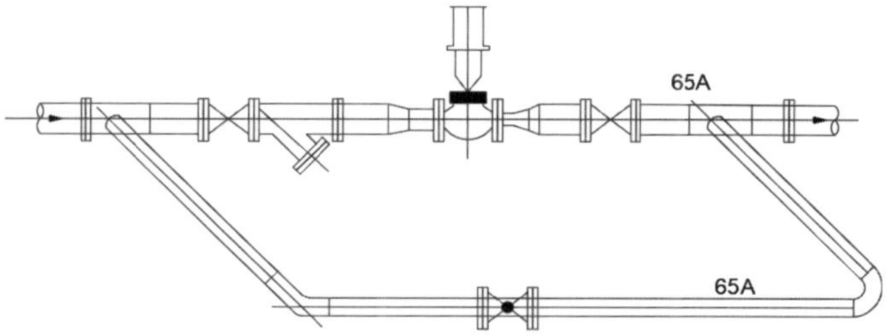

품명	규격	단위	수량	품명	규격	단위	수량
흑파이프	∅65	m		흑엘보	∅65	개	
게이트밸브	∅65	개		흑리듀서	∅65×50	개	
글로브밸브	∅65	개		조플랜지접합	∅65	개소	
스트레이너	∅65	개		합플랜지접합	∅65	개소	
흑티	∅65	개			∅50	개소	

풀이

품명	규격	단위	수량	품명	규격	단위	수량
흑파이프	∅65	m	2.1m	흑엘보	∅65	개	2
게이트밸브	∅65	개	2	흑리듀서	∅65×50	개	2
글로브밸브	∅65	개	1	조플랜지접합	∅65	개소	2
스트레이너	∅65	개	1	합플랜지접합	∅65	개소	7
흑티	∅65	개	2		∅50	개소	2

착안사항

플랜지접합은 2가지로 분류된다.

1. 조플랜지접합 : 배관을 연결시키기 위해 플랜지 2매로 접합
2. 합플랜지접합 : 밸브류와 배관을 연결하기 위해 플랜지 1매와 밸브류의 플랜지 1매로 접합

※ 참고 : 플랜지접합 일위대가는 접합공량은 배관품에 포함되어 있으므로 재료비(플랜지, 볼트 너트, 패킹)만 계상해주는 일위대가이다.

문제 3

아래 배관도를 보고 직관을 제외한 각종 부속류 및 밸브류 수량을 산출하여 다음의 수량산출서를 완성하시오.

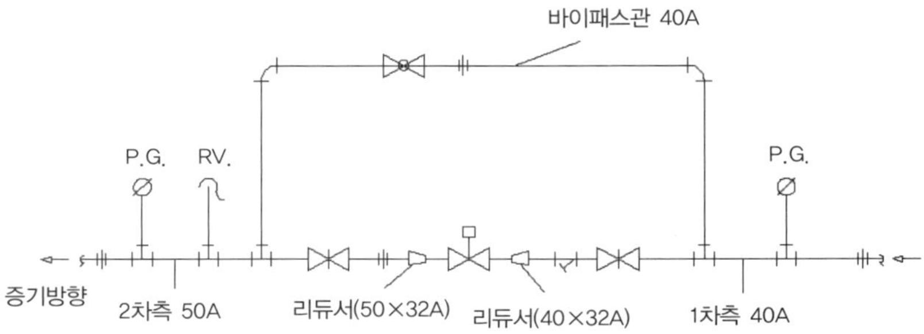

풀이

품명	규격	단위	수량	비고
감압밸브(나사식)	∅32	개	1	
게이트밸브	∅50	개	1	
게이트밸브	∅40	개	1	
글로브밸브	∅40	개	1	
스트레이너	∅40	개	1	
안전밸브	∅20	개	1	
압력계 설치	∅100	개소	2	
엘보	∅40	개	2	
티	∅50	개	1	
티	∅40	개	1	
리듀서	∅50×32	개	1	
리듀서	∅40×32	개	1	
유니온	∅50	개	2	
유니온	∅40	개	2	
유니온	∅32	개	0	

문제 4

그림과 같은 급수계통(고가수조-펌프-저수조)에 대하여 주어진 도시기호를 적당하게 배치하시오.

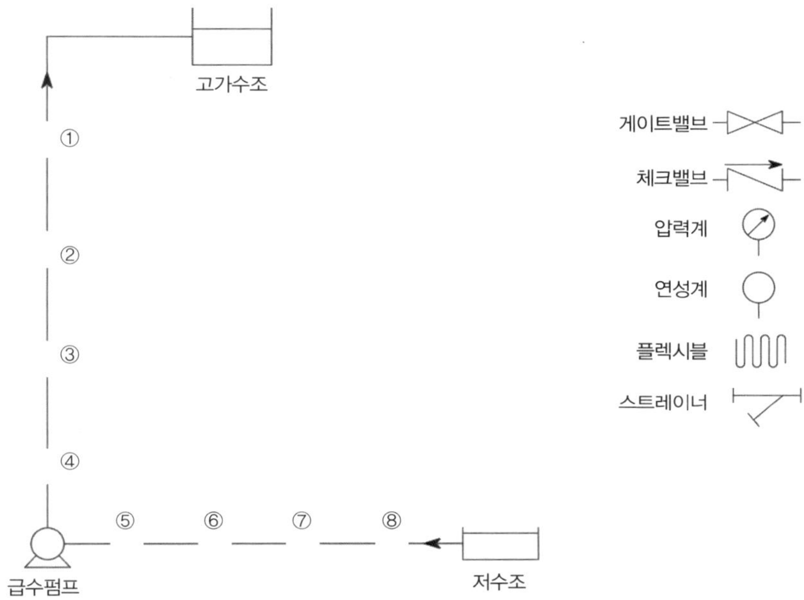

풀이

① : 게이트밸브 ② : 체크밸브 ③ : 압력계 ④ : 플렉시블
⑤ : 플렉시블 ⑥ : 연성계 ⑦ : 스트레이너 ⑧ : 게이트밸브

문제 5

동관접합개소를 규격별로 산출하시오.

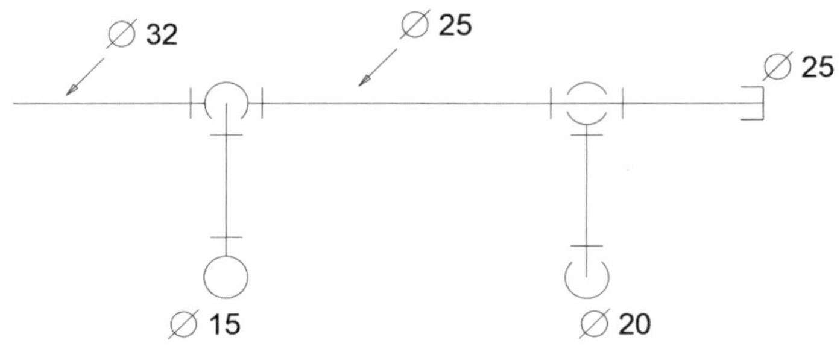

풀이

도면을 보고 티 이후의 관경을 비교하여 리듀서 사용을 도면에 표시한 후, 수량을 산출할 양식을 부속별 규격이 큰 관경에서 작은 관경으로 기록하고, 품명에 수량을 부속별로 산출한 후 접합개소를 합산한다.

품명	규 격	단위	수량	접합개소			
				∅32	∅25	∅20	∅15
동엘보	∅20	개	2			2×2	
	∅15	개	2				2×2
동티	∅32×∅15	개	1	2			1
	∅25×∅20	개	1		2	1	
동리듀서	∅32×∅25	개	1	1	1		
동캡	∅25	개	1		1		
합계				3	4	5	5

답

∅32 : 3개소, ∅25 : 4개소, ∅20 : 5개소, ∅15 : 5개소

문제 6

평면도는 등각투상도로, 등각투상도는 평면도로 그리시오.

〈평면도〉

1)

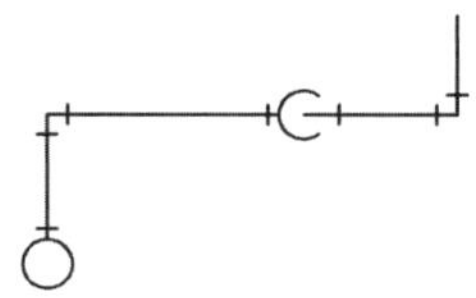

2)

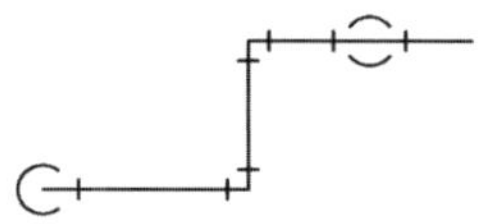

3)

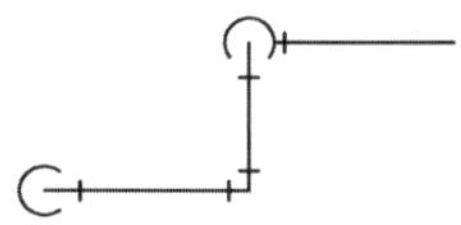

풀이 〈등각투상도〉

1)

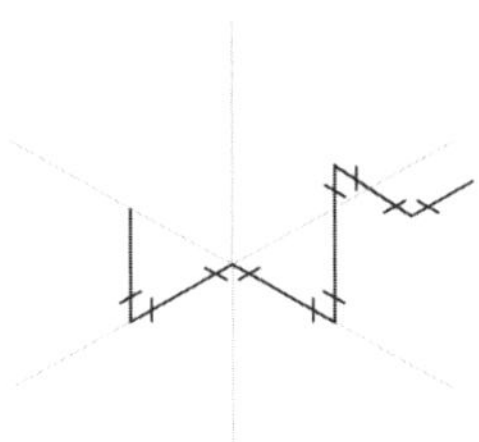

2)

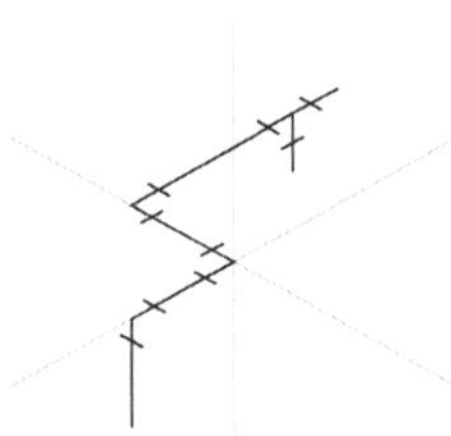

3)

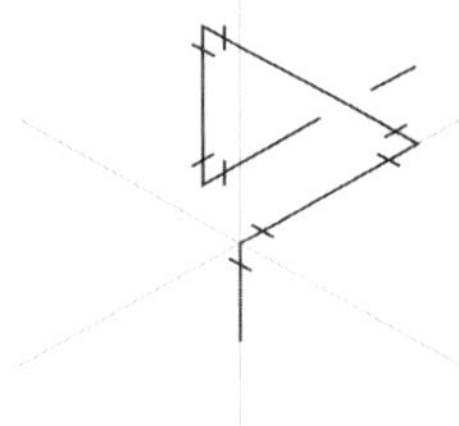

4)

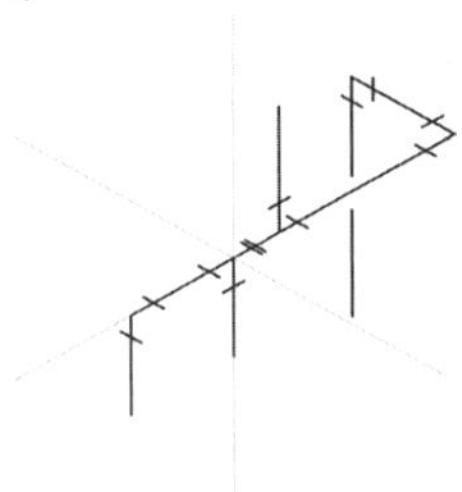

5)

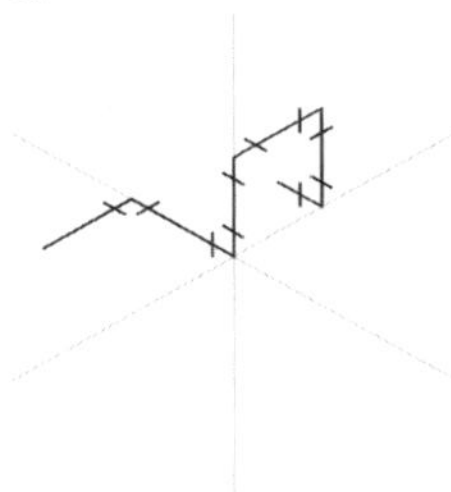

6)

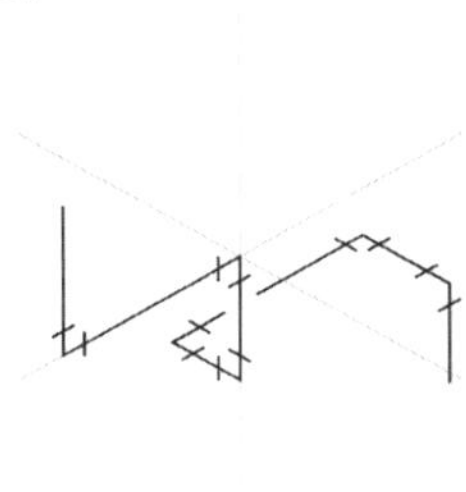

풀이 〈평면도〉

4)

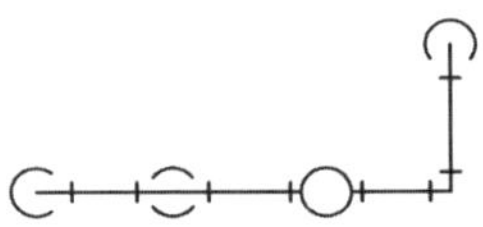

5)

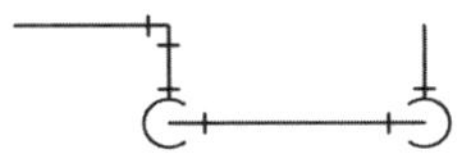

6)

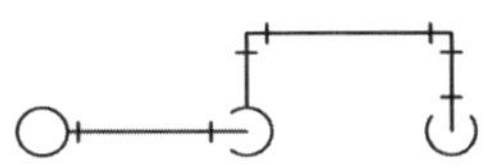

문제 7

증기난방에서 그림과 같은 주철제 방열기 1조를 스위블이음을 이용하여 설치하는데 필요한 배관재료(각 품명의 수량 및 방열기 밸브, 방열기 트랩의 규격)를 산출하여 표의 빈칸을 채우시오.

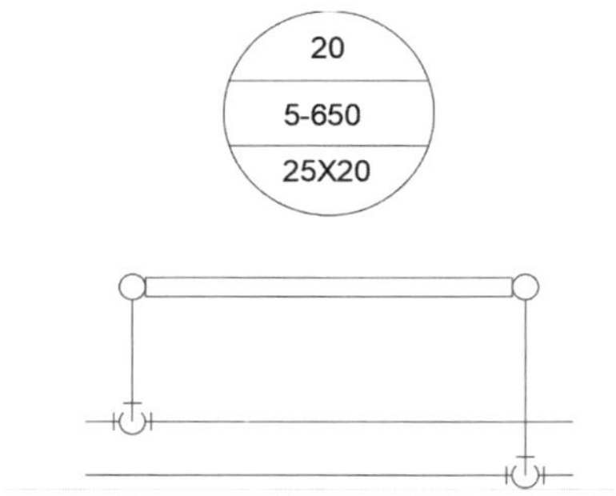

품명	규격	단위	수량
방열기	5-650	쪽	
방열기 밸브		개	
방열기 트랩		개	
강관	∅25	m	1.15
강관	∅20	m	0.6
엘보	∅25	개	
엘보	∅20	개	

풀이

품명	규격	단위	수량	해설
방열기	5-650	쪽	20	방열기 도시기호 상단이 쪽수이다.
방열기 밸브	∅25	개	1	유입관경이 ∅25이므로 밸브는 ∅25
방열기 트랩	∅20	개	1	유출관경이 ∅20이므로 트랩은 ∅20
강관	∅25	m	1.15	
강관	∅20	m	0.6	
엘보	∅25	개	3	도면상에는 각각 엘보가 1개이지만 스위블이음을 이용한다는 조건에 따라 3엘보로 해석한다.
엘보	∅20	개	3	

문제 8

다음 그림을 보고 아래표를 채우시오.(단, 배관은 10% 할증하고 첫 번째 대변기 분기관부터 계산한다.)

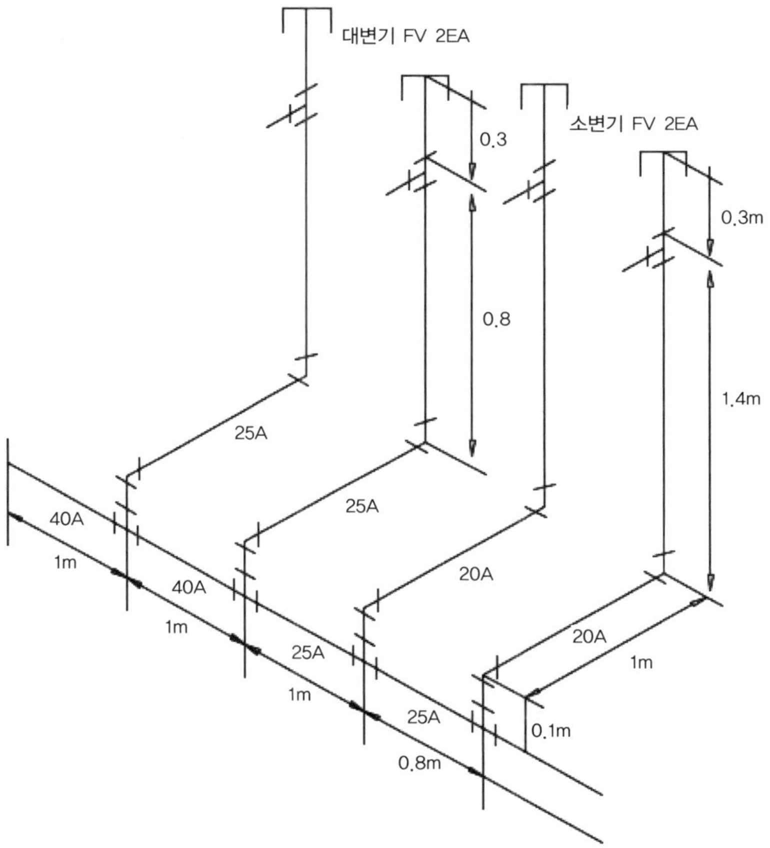

품명	규격	단위	수량	산출근거
강관	∅40	m		
	∅25	m		
	∅20	m		
티	∅25	개		
	∅20	개		
이경티	∅40×25	개		
	∅25×20	개		

(계속)

품명	규격	단위	수량	산출근거
리듀서	∅40×25	개		
캡	∅25	개		
	∅20	개		
엘보	∅25	개		
	∅20	개		

풀이

품명	규격	단위	수량	산출근거
강관	∅40	m	1.1	(1)1.1=1.1 분기 티 좌측 1m는 조건에서 제외
	∅25	m	6.82	[1+0.8+2(0.1+1+0.8+0.3)]1.1=6.82
	∅20	m	6.16	2(0.1+1+1.4+0.3)1.1=6.16
티	∅25	개	2	대변기 접속
	∅20	개	2	소변기 접속
이경티	∅40×25	개	2	대변기 분기
	∅25×20	개	2	소변기 분기
리듀서	∅40×25	개	1	도면에는 생략되어 있으나 2번째 분기 티 직후에 ∅40×25 리듀서가 있다.
캡	∅25	개	2	대변기 말단
	∅20	개	2	소변기 말단
엘보	∅25	개	4	대변기 2개씩 4개
	∅20	개	4	소변기 2개씩 4개

Chapter 3

건축기계설비 적산 입문

Practices of Building Facilities Cost Estimation

3.1 적산 준비사항

(1) 적산범위

적산에 착수하기 전에 적산범위를 명확히 설정하는 것은 중복이나 산출 누락을 방지하기 위한 매우 중요한 작업이다.

1) 설계서의 앞뒤가 맞지 않거나 애매한 설계도서 및 공법 등은 반드시 설계자와 충분히 협의하여 설계서를 명확히 수정 · 보완 후 수량 산출에 임한다.
2) 산출자가 여러 명일 경우 산출자 간에 산출범위의 착오로 누락 및 중복되는 부분이 없도록 한다.
3) 수량 산출은 여러 경우에 따라 조합이 가능하도록 산출하고, 산출양식과 순서 등을 통일하여 일정한 방법으로 산출하도록 한다.
4) 조건이 비슷한 건물의 형태에서 공사비가 많을 경우 설계자에게 공사비를 절감하도록 협의한다.
5) 산출 · 집계된 수량은 과거의 유사형태 자료와 비교 · 분석하여 수량의 과다 및 과소가 없도록 검토한다.

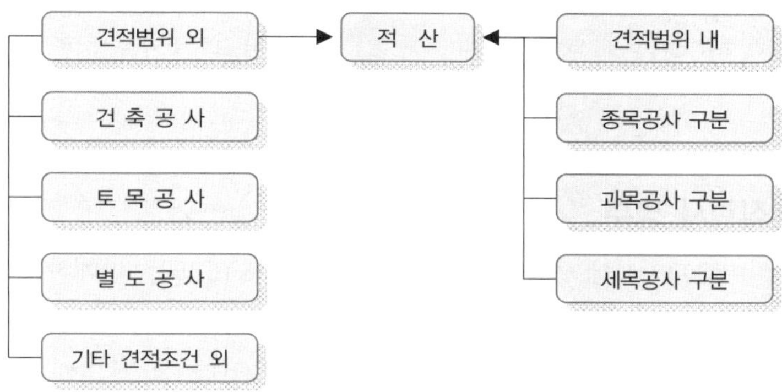

적산범위

3.2 적산 준비

(1) 착수 전 준비사항

1) 설계도면, 시방서에 준하여 공사내용을 파악하는 것은 물론이고 현장설명서, 기타 관련도서(공통시방서, 표준도 등)를 잘 보고 공사현장을 실지조사 후 공사 전반의 개요를 인식한 뒤 적산에 착수한다.

2) 공사내용 중 불분명한 점은 현장설명과 입찰 사이에 설계자와 입찰자의 입회하에 질의문답 시기가 있기 때문에 공사내용을 확실하게 문의할 필요가 있다.

3) 별도 공사내용을 확인한다.
건축과 설비, 설비와 전기, 설비와 토목공사 간의 구분

4) 견적계획서를 작성한다.

① 작업인원

② 외부 견적의뢰 내용 : 자동제어공사, 방진공사, 연도설치공사 등

③ 수량산출 일정

④ 구성원 간 작업분담

⑤ 단가표, 일위대가표, 지급자재 확인

참 고 **견적공정표**

1. 수작업 시

1) 수량 산출	: 30%	4) 수량서 입력	: 20%
2) 수량 집계	: 15%	5) 내역서 작성	: 15%
3) 공량 산출	: 15%	6) 검토 및 수정	: 5%
계	: 100%		

2. 견적 프로그램 사용 시

1) 수량 산출	: 70%	3) 내역서 작성	: 10%
2) 수량 입력	: 15%	4) 검토 및 수정	: 5%
계	: 100%		

(2) 제작회사 명부

설비관계공사에 사용하는 기기, 재료를 제조 또는 판매하는 회사에 대하여 적산 시 견적을 의뢰한다든지, 단가를 조회하기 위해 제작회사 명부를 기자재와 공사의 종류별로 정리해 놓으면 적산 시 편리하게 선택하여 사용할 수 있다.

(3) 카탈로그 정리

카탈로그는 적산에 있어서 중요한 자료로 사용되고 있다. 특히 동일한 기기류에 있어서 제조회사에 따라 능력, 크기, 가격 등이 다르며 설계도면과 시방서에 기기의 모델번호가 명시되어 있을 때, 정리된 카탈로그에서 쉽게 찾을 수 있다.

개인이 소유하는 카탈로그는 한계가 있으므로 각 부서별로 정리·보관하며, 제조회사, 대리점에서 신상품의 출하, 제조 중지의 상품들에 대한 정보를 신속히 입수하여 보완하고, 사용하는 사람들이 필요할 때 신속하고 정확하게 볼 수 있도록 종목별, 제조회사별로 정리한다.

(4) 참고자료

- 물가자료(한국물가협회)
- 거래가격(건설협회)
- 물가정보(한국물가정보센터)
- 유통물가(한국응용통계연구소)
- 정부구매물자 가격정보(조달청)
- 공정가격(한국공정가격협회)
- 자사 실적자료에 의한 품셈표, 개산공사비
- 건설공사표준품셈(기계설비, 전기, 통신, 건축, 토목 분야)
- 각종 제작사의 가격표
- 전문업자의 해당 공사에 관한 견적가격, 거래예정단가표, 업종별 협회 표준공사비표

(5) 각종 적산용지

적산용지는 업계 공통의 양식에 제정되어 있는 것은 아니고, 공사종별 또는 주요 자재별 물량 산출 용지, 집계표, 내역명세서 등의 서식이 있으며, 필요에 따라 소정의 적산용지를 제정하여 사용한다.

3.3 표준품셈의 적용기준

(1) 표준품셈

건설공사 중 대표적이고 보편적인 일반화된 공종, 공법을 기준한 것이며 현장여건, 기후의 특성 및 기타 조건에 따라 조정하여 적용하되 예정가격작성기준 제2조에 의거 부당하게 감액하거나 과잉 계산되지 않도록 한다.

(2) 품셈의 정의

사람이나 기계가 어떤 물체를 창조하기 위하여 소요되는 재료와 노력을 단위당 수량으로 표시하는 것으로

- 한 공사단위에 필요한 단위를 표준적 재료량 또는 노무공 수
- 구조물 각 부위의 한 단위를 생산함에 있어 과거의 공사실적 및 각종 비교 자료로부터 설정한 표준적인 재료의 소요량 또는 노무공 수

(3) 금액의 단위 표준

종목	단위	지위(止位)	비 고
설계서의 총액	원	1,000	이하 버림(단, 10,000원 이하의 공사는 100원 이하 버림)
설계서의 소계	원	1	미만 버림
설계서의 금액란	원	1	미만 버림
일위대가표의 계금	원	1	미만 버림
일위대가표의 금액란	원	0.1	미만 버림

주) 일위대가표 금액란 또는 기초계산금액에서 소액이 산출되어 공종이 없어질 우려가 있어 소수위 1위 이하의 산출이 불가피할 경우에는 소수위의 정도를 조정 계산할 수 있다.

(4) 재료의 할증

① 재료의 할증이란 시방 및 도면에 의해 산출된 재료의 정미량(正味量)에 재료의 운반, 절단, 가공 및 시공 중에 발생하는 손실량을 가산해주는 것으로서 품셈에 할증이 포함 또는 표시되어 있지 않은 경우에 한하여 적용한다.

- 정미수량(설계수량) : 공사에 실제 설치되는 자재량
- 총소요량(소요수량) : 정미수량+할증량(시공 손실량)

② 표준품셈에서의 단위당 소요품은 재료의 절대소요량을 기준하여 정한 것이므로 가공 또는 시공품을 적용할 경우 할증량에 대한 품을 추가로 적용해서는

안 되며, 재료비는 단가에 할증량을 포함한 총수량을 곱하여 산출한다.

③ 재료의 운반품은 정미수량에 할증량을 포함한 총수량에 적용한다.

④ 재료의 할증 : 공사용 재료의 할증률은 일반적으로 다음 표의 값 이내로 한다. 다만, 품셈의 각 항목에 할증이 포함 또는 표시되어 있는 것에 대하여는 본 할증률을 적용하지 않는다.

1) 금속재(金屬材)

종류	할증률(%)
원형철근	5
이형철근	3
이형철근 (교량·지하철 및 이와 유사한 복잡한 구조물의 주철근)	6~7
일반볼트	5
고장력볼트(H.T.B)	3
강판(板)	10
강관(管)	5
대형형강(形鋼)	7
소형형강	5
경량형강·각파이프	5
봉강(棒鋼)	5
평강대강	5
리벳제품	5
스테인리스강판	10
스테인리스강관	5
동판	10
동관	5
덕트용 금속판	28
프레스접합식 스테인리스강관 이음부속류	5

주) 1. 강관·스테인리스강관의 할증률(%)은 옥외공사를 기준한 것이며, 옥내공사용 재료의 할증률은 10% 이내로 한다.
2. 형강의 대형 구분은 100mm 이상을 말한다.
3. 이형철근의 경우 해당공사 또는 구조물의 시공실적에 따라 조정하여 적용할 수 있다.

2) 기타 재료

종류		할증률(%)	종류		할증률(%)
목재	각 재	5	졸 대		20
목재	판 재	10	석재판 붙임 정형돌		10
합판(일반)		3	요재부 정형돌		30
합판(수장용)		5	타일	모자이크	3
텍스		5	타일	도기	3
쉬즈판		8	타일	자기	3
슬레이트		3	타일	클링커	3
유리		1	타일	아스팔트	5
석고보드		5	타일	리놀륨	5
도료		2	타일	비닐	5
코르크판		5	타일	비닐랙스	5
단열재		10	테라코타		3
붉은벽돌		3	블록		4
내화벽돌		3	기와		5
시멘트벽돌		5	원석(마름돌용)		30
위생기구(도기, 자기류)		2			

주) 거푸집 및 동바리공이나 가건축물 또는 품셈에 할증률이 포함 또는 표시되어 있는 것에 대하여는 본 할증률을 적용하지 않는다.

(5) 공구손료 및 잡재료

1) 표준품셈에 명시되어 있는 공구손료, 잡재료에 대해서는 이를 계상한다.

2) 표준품셈에 명시되어 있지 않은 공구손료, 잡재료, 경장비손료 등을 계상하고자 할 때에는 다음에 따라 별도 계상하되, 산정근거를 명시해야 한다.

① 공구손료 및 잡재료손료

- 공구손료 : 공구손료는 일반공구 및 시험용 계측기구류의 손료로서 공사 중 상시 일반적으로 사용하는 것을 말하며, 인력품(노임 할증과 작업시간 증가에 의하지 않은 품 할증 제외)의 3%까지 계상한다.
- 잡재료 및 소모재료 : 잡재료 및 소모재료는 설계내역에 표시하여 계상하되 주재료비의 2~5%까지 계상한다.

참 고

일반공구 및 일반시험용 계측기구 : 스패너류, 렌치류, 턴버클, 샤클, 스프레이건, 바이스, 클립 또는 클램프류, 용접봉 건조통, 게이지류, V블록, 마이크로메타, 버니어 캘리퍼스 및 이와 유사한 것으로 공사 중 상시 일반적으로 사용하는 것으로서 별도의 동력을 필요로 하지 않는 것.

② 경장비 등의 손료

- 경장비손료는 일반공구류를 제외한 특수 공구와 검사용 특수 계측기구 등의 손료를 말하며, 직접노무비(노임 할증 제외)의 1.5%를 계상한다.
- 전기용접기, 윈치, 에어컴프레서(공기압축기), 발전기 등은 기계경비 산정표(토목부문 참조)에 명시된 손료를 별도 계상한다.

참 고

경장비 : 휴대용 전기드릴, 휴대용 전기그라인더, 체인블록, 콘크리트 브레이커(기초수정용), 임팩트렌치, 쉐링머신, 벤딩 롤러, 수압펌프(수압시험용) 및 이와 유사한 것. 주로 동력에 의하여 구동되는 장비류로서 기계경비 산정표에 명시되지 아니한 소규모의 것.

(6) 노 임

1) 시공직종(기능공)

직종	작업 구분
① 배관공	설계압력 500kPa(5kg/㎠) 미만의 기계실 배관 및 일반의 시공과 보수
② 플랜트 배관공	유해가스 및 설계압력 500kPa(5kg/㎠) 이상의 기계실 배관 및 플랜트 배관 시공 및 보수
③ 철공	형강, 강판의 간단한 현장가공 제작, 설계시공
④ 제관공	강제 구조물의 가공, 제작시공과 보수
⑤ 플랜트 제관공	정밀을 요하는 플랜트의 강제 구조물과 압력용기의 가동, 제작시공 및 보수
⑥ 제철축로공	제철용 각종 로(1,000~1400℃) 내화물 시공(R 오차 ±1mm 이내)
⑦ 덕트공	금속판을 가공 덕트 제작 설치
⑧ 보온공	기기 및 배관류의 보온시공
⑨ 기계설비공	일반기계설비의 조립 설치, 조정, 검사 및 보수
⑩ 플랜트기계 설비공	정밀을 요하는 플랜트 기계설비의 조립 설치, 조정, 검사 및 보수
⑪ 용접공	설계압력 500kPa(5kg/㎠) 미만의 기계실 배관 및 일반기기 일반배관용접
⑫ 플랜트 용접공	유해가스 및 설계압력 500kPa(5kg/㎠) 이상의 기계실 배관, 플랜트 기기 및 배관용접
⑬ 비파괴 시험공	플랜트 설비용접 개소 방사선 투과시험
⑭ 철판공	철판의 가공 제작
⑮ 플랜트 특수용접공	사용압력 1MPa(100kg/㎠) 이상인 배관 및 압력용기를 용접하거나 합금강의 용접작업 또는 TIG, MIG 등 INERT GAS ARC 용접

주) 플랜트란 철강, 석유, 제지, 화학 및 발전중인 프로세스 공업에서 일반적으로 원료나 에너지를 공급하여 소요의 물질이나 에너지를 얻기 위하여 필요한 물리적, 화학적 작용을 행하는 장치를 말한다.

(7) 종합 시운전 및 조정비

공사완공 후 각 기기의 단독 시운전이 끝난 다음에 장치나 설비 전체의 종합적인 시운전 및 조정을 위하여 필요한 품은 계상할 수 있다.

(8) 강관배관의 부자재 산정 요율

1) 일반업무용 건물

(강관금액에 대한 %)

	관이음 부속			관지지물		
	소	중	대	소	중	대
1. 냉온수배관						
기계실	75	70	65	30	15	15
옥내일반	45	45	45	40	25	25
2. 냉각수배관						
기계실	75	75	75	7	7	7
옥내일반	70	55	40	9	9	9
3. 증기배관						
기계실	75	65	50	30	30	30
옥내일반	45	45	45	30	30	30
4. 급수 · 급탕배관						
기계실	80	80	80	15	15	15
옥내일반	60	60	60	15	15	15
5. 보일러 급유배관	50	50	50	15	15	15
6. 통기배관	30	30	30	10	10	10
7. 소화배관						
옥내소화전	65	55	50	10	10	10
스프링쿨러	70	70	70	15	15	15

주) ① 상기요율은 일반업무용 건물의 배관재로 사용하는 일반탄소강관에 대한 관이음부속 및 관지지물의 금액 비율이다.

② 건물규모별 소 · 중 · 대는 다음과 같다.
소 : 연면적 5,000m^2 이하의 건물
중 : 연면적 5,000m^2 초과 30,000m^2 미만의 건물
대 : 연면적 30,000m^2 이상의 건물

③ 관이음부속류는 엘보, 티, 리듀서, 유니온, 소켓, 캡, 플러그, 니플, 부싱, 플랜지 등을 말한다.

④ 관이음부속류에는 각종 밸브장치, 증기트랩장치, By Pass관 장치 및 계량기 장치의 관이음부속과 각종 펌프토출측의 연결용 플랜지는 제외되었다.

⑤ 관지지물류는 클레비스행거, 보온용 클레비스행거, 파이프클램프, 롤러행거, 행거볼트, U–볼트, 파이프앵커, 턴버클, 나비밴드 등을 말한다.

⑥ 관지지물에는 단열지지대 및 관지지가대가 제외되어 있으므로 별도 계상한다.

⑦ 증기배관의 관지지물에는 ⑥항 및 롤러, 새들, 보온재 보호판이 제외되어 있으므로 별도 계상한다.

⑧ 통기배 간의 요율은 환상통기식이므로 각개 통기방식일 때는 별도 계상할 수 있다.

⑨ 상기 부자재 산정요율 계산방식과 도면에 의한 물량산출방식을 병행 사용할 수 있다.

참 고 강관금액에 대한 주요 관이음 부속의 소요금액 비율 가중치

(%)

시공부위별		건물 규모별	일반강관 구성비율		관이음 부속합계	관이음부속 구성비율			
			구경 50 이하	구경 50 초과		나사식	용접식	플랜지	접합용 볼트, 너트
1. 냉·온수 배관	기계실	소	30	70	77.4	9.29	23.03	36.22	8.86
		중	10	90	73.0	3.75	29.74	31.97	7.54
		대	3	97	63.0	1.55	29.66	27.10	6.24
	옥내 일반	소	90	10	46.1	41.6	2.20	2.0	0.3
		중	70	30	46.1	37.1	3.2	4.8	1.0
		대	60	40	46.1	31.6	5.5	7.4	1.6
2. 냉각수 배관	기계실	소	1.5	98.5	76.9	2.4	24.3	43.0	7.2
		중	1.0	99.0	76.9	2.0	32.4	36.0	6.5
		대	0.5	99.5	76.9	1.5	40.4	30.0	5.0
	옥내 일반	소	–	100	68.5	1.6	23.5	36.9	6.5
		중	–	100	54.0	1.08	18.42	29.7	4.8
		대	–	100	38.6	0.46	13.38	22.54	2.22
3. 증기배관	기계실	소	50	50	73.6	19.54	10.88	36.51	6.67
		중	45	55	62.6	14.90	10.20	30.5	7.0
		대	40	60	51.6	10.87	9.13	24.10	7.5
	옥내 일반	소	90	10	43.1	37.25	1.85	3.30	0.70
		중	80	20	43.1	30.70	4.30	6.60	1.50
		대	70	30	43.1	25.80	5.10	10.00	2.20
4. 급수·급탕 배관	기계실	소	55	45	79.5	46.0	–	30.0	3.5
		중	35	65	79.5	41.0	–	35.0	3.5
		대	20	80	79.5	36.0	–	40.0	3.5
	옥내 일반	소	85	15	60.0	48.8	–	10.0	1.20
		중	60	40	60.0	48.8	–	10.0	1.20
		대	50	50	60.0	48.8	–	10.0	1.20
5. 보일러 급유배관		소	65	35	51.0	38.6	12.4	–	–
		중	65	35	51.0	38.6	12.4	–	–
		대	65	35	51.0	38.6	12.4	–	–
6. 통기배관		소	76	30	32.4	17.0	15.4	–	–
		중	60	40	32.4	17.0	15.4	–	–
		대	50	50	32.4	17.0	15.4	–	–
7. 소화배관	옥내 소화전	소	45	55	63.8	20.9	18.9	20.0	4.0
		중	30	70	55.8	13.97	17.23	21.0	3.60
		대	15	85	47.8	6.53	15.72	22.29	3.26
	스프링 쿨러	소	60	40	69.7	43.2	19.6	5.8	1.10
		중	60	40	69.7	43.2	19.6	5.8	1.10
		대	60	40	69.7	43.2	19.6	5.8	1.10

※ 상기 금액비율은 강관과 강관이음 부속류의 가격구성비로서 앞으로 이들 품목 간의 가격변동이 클 경우 이를 조정하는 데 참고하기 위한 것이며, 품목별 단가는 물가자료 87년 8월호를 기준으로 한 것이다.

2) 병원건물

(강관금액에 대한 %)

시공부위별		관이음부속	관지지물
1. 냉 · 온수배관	기계실 옥내일반	80 40	50 30
2. 증기배관	기계실	55	20
3. 급수 · 급탕배관	기계실 옥내일반	70 50	15 40
4. 통기관		30	8
5. 소화배관	옥내소화전 스프링쿨러배관	45 75	10 20

주) ① 상기 요율은 병원건물의 배관재로 사용하는 일반 탄소강관 금액에 대한 관이음부속 및 관지지물의 금액비율이다.
② 관이음 부속류는 엘보, 티, 리듀서, 유니온, 소켓, 캡, 플러그, 니플, 부싱, 플랜지 등을 말한다.
③ 관이음 부속류에는 각종 밸브장치, 증기트랩장치, By Pass관 장치 및 계량기 장치의 관이음 부속과 각종 펌프, 토출측의 연결용 플랜지는 제외되어 있다.
④ 관 지지물에는 단열 지지대 및 공동구 내관 지지대, 롤러스탠드새들, 보온재 보호판 등은 제외되어 있다.
⑤ 소화배관 요율에는 소화펌프의 토출측 밸브류 방진이음용 플랜지 유니온은 제외되어 있다.
⑥ 수직관은 2개층마다 플랜지 또는 유니온을 적용하였다.

참 고 **강관금액에 대한 주요 관이음 부속의 소요금액 비율 가중치**

(단위 : %)

시공부위별	일반강관 구성비율		관이음 부속합계	관이음부속 구성 비율			
	구경 50 이하	구경 50 초과		나사식	용접식	플랜지	접합용 볼트, 너트
1. 냉 · 온수배관							
기계실	9	91	81.8	3.07	45.71	28.14	4.94
옥내일반	100	–	39.5	39.5	–	–	–
2. 증기배관 기계실	48	52	53.1	17.69	13.14	19.14	3.15
3. 급수 · 급탕배관							
기계실	36	64	71.1	14.10	21.50	30.73	4.81
옥내일반	100	–	49.5	47.19	–	1.97	0.38
4. 통기 배관	100	–	27.7	27.71	–	–	–
5. 소화배관							
옥내소화전	53	43	43.4	20.33	23.11	–	–
스프링쿨러	53	47	73.8	36.93	32.74	3.55	0.61

※ 상기 금액비율은 강관과 강관이음 부속류의 가격구성비로서 앞으로 이들 품목 간의 가격변동이 클 경우 이를 조정하는 데 참고하기 위한 것이며, 품목별 단가는 물가 자료 87년 8월호를 기준으로 한 것이다.

(9) 공사계약 일반조건 정의

[시행 2016.1.1.][기획재정부계약예규 제286호, 2016.1.1, 일부개정]

제1조 (총칙) 계약담당공무원과 계약상대자는 공사도급표준계약서(이하 "계약서"라 한다)에 기재한 공사의 도급계약에 관하여 제3조에 의한 계약문서에서 정하는 바에 따라 신의와 성실의 원칙에 입각하여 이를 이행한다.

제2조 (정의) 이 조건에서 사용하는 용어의 정의는 다음과 같다.

1. "계약담당공무원"이라 함은 「국가를 당사자로 하는 계약에 관한 법률 시행규칙」(이하 "시행규칙"이라 한다) 제2조에 의한 공무원을 말한다. 이 경우에 각 중앙관서의 장이 계약에 관한 사무를 그 소속공무원에게 위임하지 아니하고 직접 처리하는 경우에는 이를 계약담당공무원으로 본다.
2. "계약상대자"라 함은 정부와 공사계약을 체결한 자연인 또는 법인을 말한다.
3. "공사감독관"이라 함은 제16조에 규정된 임무를 수행하기 위하여 정부가 임명한 기술담당공무원 또는 그의 대리인을 말한다. 다만, 「건설기술 진흥법」 제39조제2항에 의하여 건설사업관리 또는 감리를 하는 공사에 있어서는 해당공사의 감리를 수행하는 건설산업관리기술자 또는 감리원을 말한다.〈개정 2014.4.1., 2016.1.1.〉
4. "설계서"라 함은 공사시방서, 설계도면, 현장설명서 및 공종별 목적물 물량내역서(가설물의 설치에 소요되는 물량 포함하며, 이하 "물량내역서"라 한다)를 말하며, 다음 각 목의 내역서는 설계서에 포함하지 아니한다.
   가. 〈삭제 2010.9.8.〉
   나. 시행령 제78조에 따라 일괄입찰을 실시하여 체결된 공사와 대안입찰을 실시하여 체결된 공사(대안이 채택된 부분에 한함)의 산출내역서
   다. 시행령 제98조에 따라 실시설계 기술제안 입찰을 실시하여 체결된 공사와 기본설계 기술제안입찰을 실시하여 체결된 공사의 산출내역서
   라. 수의계약으로 체결된 공사의 산출내역서. 다만, 시행령 제30조제2항 본문에 따라 체결된 수의계약 공사의 물량내역서는 제외
5. "공사시방서"라 함은 공사에 쓰이는 재료, 설비, 시공체계, 시공기준 및 시공 기술에 대한 기술설명서와 이에 적용되는 행정명세서로서, 설계도면에 대한 설명 또는 설계도면에 기재하기 어려운 기술적인 사항을 표시해 놓은 도서를 말한다.
6. "설계도면"이라 함은 시공될 공사의 성격과 범위를 표시하고 설계자의 의사를 일정한 약속에 근거하여 그림으로 표현한 도서로서 공사목적물의 내용을 구체

적인 그림으로 표시해 놓은 도서를 말한다.

7. "현장설명서"라 함은 시행령 제14조의2에 의한 현장설명 시 교부하는 도서로서 시공에 필요한 현장상태 등에 관한 정보 또는 단가에 관한 설명서 등을 포함한 입찰가격 결정에 필요한 사항을 제공하는 도서를 말한다.
8. "물량내역서"라 함은 공종별 목적물을 구성하는 품목 또는 비목과 동 품목 또는 비목의 규격·수량·단위 등이 표시된 다음 각목의 내역서를 말한다.
   가. 시행령 제14조제1항에 따라 계약담당공무원 또는 입찰에 참가하려는 자가 작성한 내역서
   나. 시행령 제30조제2항 및 계약예규 「정부입찰·계약 집행기준」 제10조제3항에 따라 견적서제출 안내공고 후 견적서를 제출하려는 자에게 교부된 내역서
9. "산출내역서"라 함은 입찰금액 또는 계약금액을 구성하는 물량, 규격, 단위, 단가 등을 기재한 다음 각목의 내역서를 말한다.
   가. 시행령 제14조제6항과 제7항에 따라 제출한 내역서
   나. 시행령 제85조제2항과 제3항에 따라 제출한 내역서
   다. 시행령 제103조제1항과 제105조제3항에 따라 제출한 내역서
   라. 수의계약으로 체결된 공사의 경우에는 착공신고서 제출 시까지 제출한 내역서
10. 이 조건에서 따로 정하는 경우를 제외하고는 「국가를 당사자로 하는 계약에 관한 법률 시행령」, 「특정조달을 위한 국가를 당사자로 하는 계약에 관한 법률 시행령 특례규정」(이하 각각 "시행령", "특례규정"이라 한다), 시행규칙 및 계약예규 공사입찰유의서(이하 "유의서"라 한다)에 정하는 바에 의한다.

제3조 (계약문서) ① 계약문서는 계약서, 설계서, 유의서, 공사계약일반조건, 공사계약특수조건 및 산출내역서로 구성되며 상호보완의 효력을 가진다. 다만, 산출내역서는 이 조건에서 규정하는 계약금액의 조정 및 기성부분에 대한 대가의 지급시에 적용할 기준으로서 계약문서의 효력을 가진다.

② 〈신설 2011.5.13., 삭제 2016.1.1.〉

③ 계약담당공무원은 「국가를 당사자로 하는 계약에 관한 법령」, 공사관계 법령 및 이 조건에 정한 계약일반사항 외에 해당 계약의 적정한 이행을 위하여 필요한 경우 공사계약특수조건을 정하여 계약을 체결할 수 있다.

④ 제3항에 의하여 정한 공사계약특수조건에 「국가를 당사자로 하는 계약에 관한 법령」, 공사 관계법령 및 이 조건에 의한 계약상대자의 계약상 이익을 제한하는 내용이 있는 경우에 특수조건의 해당 내용은 효력이 인정되지 아니한다.

⑤ 이 조건이 정하는 바에 의하여 계약당사자간에 행한 통지문서등은 계약문서로서의 효력을 가진다.

제14조 (공사현장대리인) ① 계약상대자는 계약된 공사에 적격한 공사현장대리인(건설산업기본법시행령 제35조 [별표5] 등 공사관련 법령에 따른 기술자 배치기준에 적합한 자를 말한다. 이하 같다)을 지명하여 계약담당공무원에게 통지하여야 한다. 〈개정 2012.7.4.〉

건설산업기본법 시행령 제35조(건설기술자의 현장배치기준등)

① 법 제40조제1항의 규정에 의하여 건설공사의 현장에 배치하여야 하는 건설기술자는 당해 공사의 공종에 상응하는 건설기술자이어야 하며, 당해 건설공사의 착수와 동시에 배치하여야 한다. 〈개정 2002.9.18〉

② 법 제40조제1항의 규정에 의한 건설기술자의 배치는 별표 5의 공사예정금액의 규모별 건설기술자 배치기준에 의하여야 한다. 다만, 건설공사의 시공기술상 특성을 감안하여 도급계약당사자간의 합의에 의하여 공사현장에 배치하여야 할 건설기술자의 자격종목·등급 또는 인원수를 따로 정한 때에는 그에 의한다.

③ 건설업자는 다음 각호의 1에 해당하는 공사에 대하여는 발주자의 승낙을 얻어 1인의 건설기술자를 2개의 건설공사현장에 배치할 수 있다. 〈개정 1998.12.31〉

1. 공사예정금액 5억원미만의 동일한 종류의 공사로서 다음 각목의 1에 해당하는 공사
   가. 동일한 시(특별시 및 광역시를 포함한다)·군과 제주도의 지역에서 행하여지는 공사
   나. 시(특별시 및 광역시를 포함한다)·군을 달리하는 인접한 지역에서 행하여지는 공사로서 발주자가 시공관리 기타 기술상 관리에 지장이 없다고 인정하는 공사
2. 이미 시공중에 있는 공사의 현장에서 새로이 행하여지는 동일한 종류의 공사

④ 삭제〈1998.12.31〉

⑤ 건설업자는 법 제40조제1항의 규정에 의하여 건설기술자를 건설공사의 현장에 배치한 때에는 당해 건설기술자로 하여금 건설교통부령이 정하는 바에 의하여 그 사실에 대하여 발주자의 확인을 받도록 하여야 한다.

[별표 5] 〈개정 2014.5.22.〉

공사예정금액의 규모별 건설기술자 배치기준(제35조제2항 관련)

공사예정금액의 규모	건설기술자의 배치기준
700억 원 이상(법 제93조제1항이 적용되는 시설물이 포함된 공사인 경우에 한정한다)	1. 기술사
500억 원 이상	1. 기술사 또는 기능장 2. 「건설기술 진흥법」에 따른 건설기술자 중 해당 직무분야의 특급기술자로서 해당 공사와 같은 종류의 공사현장에 배치되어 시공관리업무에 5년 이상 종사한 자
300억 원 이상	1. 기술사 또는 기능장 2. 기사 자격취득 후 해당 직무분야에 10년 이상 종사한 자 3. 「건설기술 진흥법」에 따른 건설기술자 중 해당 직무분야의 특급기술자로서 해당 공사와 같은 종류의 공사현장에 배치되어 시공관리업무에 3년 이상 종사한 자
100억 원 이상	1. 기술사 또는 기능장 2. 기사 자격취득 후 해당 직무분야에 5년 이상 종사한 자 3. 「건설기술 진흥법」에 따른 건설기술자 중 다음 각 목의 어느 하나에 해당하는 자 가. 해당 직무분야의 특급기술자 나. 해당 직무분야의 고급기술자로서 해당 공사와 같은 종류의 공사현장에 배치되어 시공관리업무에 3년 이상 종사한 자 4. 산업기사 자격취득 후 해당 직무분야에서 7년 이상 종사한 자
30억 원 이상	1. 기사 이상 자격취득자로서 해당 직무분야에 3년 이상 실무에 종사한 자 2. 산업기사 자격취득 후 해당 직무분야에 5년 이상 종사한 자 3. 「건설기술 진흥법」에 따른 건설기술자 중 다음 각 목의 1에 해당하는 자 가. 해당 직무분야의 고급기술자 이상인 자 나. 해당 직무분야의 중급기술자로서 해당 공사와 같은 종류의 공사현장에 배치되어 시공관리업무에 3년 이상 종사한 자
30억 원 미만	1. 산업기사 이상 자격취득자로서 해당 직무분야에 3년 이상 실무에 종사한 자 2. 「건설기술 진흥법」에 따른 건설기술자 중 다음 각 목의 어느 하나에 해당하는 자 가. 해당 직무분야의 중급기술자 이상인 자 나. 해당 직무분야의 초급기술자로서 해당 공사와 같은 종류의 공사현장에 배치되어 시공관리업무에 3년 이상 종사한 자

비고
1. 위 표에서 "해당 직무분야"란 「국가기술자격법」 제2조제3호 또는 「건설기술 진흥법 시행령」 별표 1에 따른 직무분야를 말한다.
2. 위 표에서 "해당 공사와 같은 종류의 공사현장"이란 건설기술자를 배치하려는 해당 건설공사의 목적물과 종류가 같거나 비슷하고 시공기술상의 특성이 비슷한 공사를 말한다.
3. 위 표에서 "시공관리업무"란 건설공사의 현장에서 공사의 설계서 검토 · 조정, 시공, 공정 또는 품질의 관리, 검사 · 검측 · 감리, 기술지도 등 건설공사의 시공과 직접 관련되어 행하여지는 업무를 말한다.
4. 위 표에서 "시공관리업무" 및 "실무"에 종사한 기간에는 기술자격취득 이전의 경력이 포함된다.
5. 전문공사를 시공하는 업종을 등록한 건설업자가 시공하는 1건 공사의 공사예정금액이 5억원 미만의 공사인 경우에는 해당 업종에 관한 별표 2에 따른 등록기준 중 기술능력에 해당하는 자로서 해당 직무분야에서 3년 이상 종사한 자를 배치할 수 있다.
6. 전문공사를 시공하는 업종을 등록한 건설업자가 시공하는 1건 공사의 공사예정금액이 1억원 미만의 공사인 경우에는 해당 업종에 관한 별표 2에 따른 등록기준 중 기술능력에 해당하는 자를 배치할 수 있다.

(10) 건설기술등급 기준

「건설기술관리법 시행령」제4조 별표1 관련

기술등급	기술자격자	학력. 경력자
특급기술자	- 기술사	
고급기술자	- 기사 자격을 취득한 자로서 7년 이상 건설공사 업무를 수행한 자 - 산업기사 자격을 취득한 자로서 10년 이상 건설공사 업무를 수행한 자	
중급기술자	- 기사 자격을 취득한 자로서 4년 이상 건설공사 업무를 수행한 자 - 산업기사 자격을 취득한 자로서 7년 이상 건설공사 업무를 수행한 자	
초급기술자	- 기사 자격을 취득한 자 - 산업기사 자격을 취득한 자	- 석사 이상의 학위를 취득한 자 - 학사학위를 취득한 자로서 1년 이상 건설공사업무를 수행한 자 - 전문대학을 졸업한 자로서 3년 이상 건설공사 업무를 수행한 자 - 고등학교를 졸업한 자로서 5년 이상 건설공사 업무를 수행한 자 - 건설교통부장관이 정하는 교육기관에서 1년 이상 건설기술 관련 교육과정을 이수한 자로서 7년 이상 건설공사업무를 수행한 자

비고 (1) "기술자격자"는 「국가기술자격법」의 기술자격 종목 중 제3호에 따른 직무분야의 기술자격을 취득한 자를 말하며, 경력인정방법 및 절차 등은 건설교통부장관이 정한다.

(2) "학력 · 경력자"는 다음의 어느 하나에 해당하는 자를 말하며, 해당 전공학과의 범위, 교육기관, 경력인정방법 및 절차 등은 건설교통부장관이 정한다.

- 「초 · 중등교육법」 또는 「고등교육법」에 따른 해당학교에서 건설기술관련 학과의 소정의 과정을 이수하고 졸업한 자
- 그 밖의 관계 법령에 따라 국내 또는 외국에서 (1)과 동등 이상의 학력이 있다고 인정되는 자
- 건설교통부장관이 정하는 교육기관에서 소정의 건설기술 관련 교육과정을 이수한 자

(3) "건설공사업무를 수행한 자"는 건설 관련 해당 분야에서 계획 · 설계 · 조사 · 설계감리 · 시공 · 품질관리 · 시험 · 검사 · 공사감독 · 감리 · 유지관리 · 사업관리 또는 연구업무 등 건설교통부장관이 정하는 업무를 수행한 자와 공병병과 · 시설병과 또는 측지분야 병과에서 복무한 자를 말한다.

(4) 건설기술자 중 측량기술자(「측량법」 제2조제2호 내지 제4호에 따른 기본측량 · 공공측량 또는 일반측량에 종사하는 자에 한 한다)의 기술등급 및 인정범위에 관하여 측량법령에서 따로 정하고 있는 경우에는 가목 내지 다목에 불구하고 측량법령의 규정에 따른다.

※ 상기 내용은 2007.3.1일부터 시행중인 「건설기술관리법 시행령」개정내용이며 2007.2.28일 이전의 경력 · 학력 및 자격 등의 인정방법에 대하여는 "건설기술자의 기술등급 및 인정범위에 관한 경과조치를 참고"하시기 바랍니다.

3.4 설비관련 도면

건축기계설비공사 설계, 적산, 시공을 하기 위해 타 공정의 도면 전체를 이해하고 수행하면 좋겠지만, 건축기계설비공사를 수행하기 위해 필요한 토목, 건축, 전기도면들을 다음과 같이 요약하였다. 예를 들어, 건축도면이라고 하면 크게 나누어 구조도면과 마감도면이 있어 건축기계설비 업무 중에는 구조도면을 참고해야 할 업무와 마감도면을 참고해야 할 업무는 구분된다.

(1) 토목도면 : 옥외 배치도

① 상수도, 하수도, 우수위치 및 단지레벨 파악
② 기반시설 관로 파악 : 도시가스, 지역난방 관로 등
③ 도로 및 상수도 : 상수도용 소화설비 등 소화 관련 위치
④ 부하계산 시 주위 건물 및 방위 파악

(2) 건축도면 : 건축도면에는 구조도면과 마감도면이 있다

1) 각층 평면도(마감도면)

① 급수 배수위치 파악
② 공조실 등 : 장비 설치 등 필요공간 확인
③ 시스템 결정용 : 건물용도, 시간대, 방위별 조닝
④ 부하계산 시 사용 : 실별 면적, 각 부위 상세도

2) 입면도(마감도면)

① 부하계산 시 유리 및 외벽 마감자재 파악
② 드라이에리어 위치 결정 : 주위 미관 고려
③ 옥탑 부분 미관 고려 후 장비 위치 결정(냉각탑, 송풍기, 연도 등)
④ 각층 공조방식일 경우 : OA, EA grille 위치 결정

3) 단면도(구조 · 마감도면)

① 시스템 결정 전에 천장공간(ceiling space) 높이 고려(마감도면)
② 보 위치 및 크기 파악(구조도면)

4) 보 복도(구조 · 마감도면)

① 보 위치 파악 : 천장 속 공간 파악 : 덕트, 파이프 교차 등

② PD 및 AD 크기 확인

5) 확대평면도(구조 · 마감 도면)

① 각 실별 상세 : 기계실, 공조실, 화장실 등(마감도면)

② 기초 및 지하 PIT 등(구조도면)

6) 부분 상세도(구조 · 마감도면)

① 부하계산 시 외벽, 지붕, 내벽, 유리, 지중벽체, 지하바닥, 난방층과 비난방층 바닥상세도

② 코어, 램프, 지하주차장

7) 창호도(마감도면)

부하계산 시 출입문과 유리 크기 및 종류, 두께

8) 실내 마감상세도(마감도면)

열관류율 계산 시 사용 : 필요 시 변경 요청

(3) 전기도면

전등도면 : 천장마감 관련 디퓨저, sp 헤드 등 위치

3.5 일위대가의 이해

당해 공사의 단위당 소요되는 재료비, 노무비 산출을 위해 품셈의 기준에 따라 재료와 공량에 단가를 곱해 산출한 단위당 공사비를 말하며, 일위대가를 이용하면 견적시 매우 편리하게 사용할 수 있다.

(1) 잡철물 제작 설치

일반적으로 배관이나 덕트를 고정하는 가대를 제작하거나 형강류 등을 이용하여 간단한 구조(사다리, 집수정 뚜껑 등)를 제작·설치하여 사용할 수 있는 일위대가이다.

① 잡철물 제작 : 형강류를 이용해 제작만 하는 것(배관가대 제작 시 사용 : 설치는 배관공량에 포함되어 있음)

② 잡철물 설치 : 주문 제작되어 들어온 것을 현장에 설치하는 것(탱크류 등)

③ 잡철물 제작·설치 : 현장에서 제작하여 제위치에 설치하는 것

3가지로 분류하여 일위대가를 적용해야 하므로 사용 시 주의를 요한다. 산출은 주재료의 무게로 톤당 만들어진다.

(2) 도장

일반적으로 흑관이나 형강류의 방청도장은 현장에 반입 즉시 1회 도장을 하고, 마감에 따라 달라지므로 시방서에서 확인한 후 표면적을 산출한다.

도장면적 산출요령은

① 강관(ϕ50) : 0.0605(외경)×π ×길이(ℓ) = (   )m^2

② 앵글(50×50×6T) : (0.05+0.05)×2×길이(ℓ)

③ 채널(100×50×5T) : (0.1+0.05+0.1)×2×길이(ℓ)

※ 앵글과 채널의 2는 양면에 도장해야 하므로

(3) 보온

배관보온은 열손실 방지(급탕·냉난방·냉온수·냉수·덕트 등), 결로 방지(바닥이나 벽체매립 급수배관 등), 동파 방지의 옥외배관의 방동보온, 실내소음 방지를 위한 방음보온 등이 적용되고 있으며, 마감재료, 보온재 두께, 부자재의 사용, ϕ50mm 이상 관들의 부속과 밸브보온이 있어 내역서 작성 시 가장 많은 오류를 범하기 쉬운 일위대가이다.

예를 들어,

ϕ50mm : 보온재 두께, 아스팔트 펠트나 정형용원지 사용 여부, 마감재 종류로서 10여 가지의 일위대가가 만들어져 있으므로 주의해야 한다.

(4) 배관 고정방법

천장배관을 고정하는 방법에는 다음이 있다.

1) **행거 설치** : 인서트+전산볼트+(절연)행거

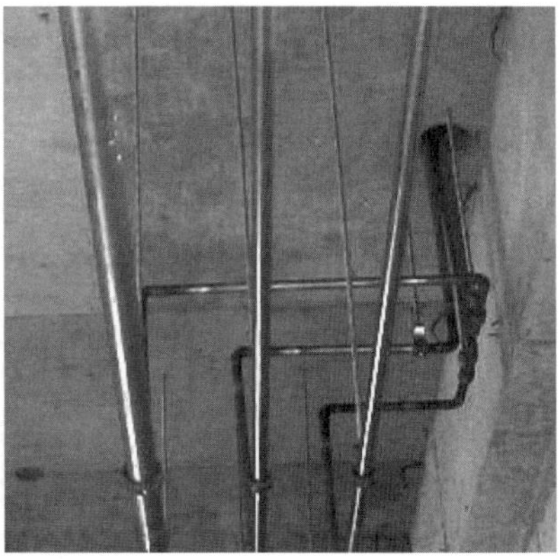

2) **가대로 설치** : 형강으로 가대를 짜서 설치하는 방법으로 인서트 플레이트+가대+슈 또는 유볼트

※ 가대를 이용한 배관 고정 시 가대의 종류는

① 앵커가대 : 배관 움직임의 발생을 방지하기 위해 앵커 슈(배관 슈와 가대를 용접함)를 설치하므로 가대에 힘이 집중되어 이중가대로 설치되므로 인서트 플레이트가 4개소 설치된다.

② 일반가대 : 인서트 플레이트가 2개소 설치된다.

- 가이드가대 : 가대에 가이드 슈(배관 슈에 안내 깃을 설치하여 일정한 방향으로만 슬라이딩할 수 있도록 설치함.)
- 레스팅가대 : 가대에 레스팅 슈(가대 위에 배관 슈 만을 설치)를 설치함.
- 신축접수가대 : 가대 위에 신축접수를 설치하고 고정하는 데 사용됨.

3) 가대나 행거의 설치 품은 배관에 포함되어 있으므로 잡철물 제작 일위대가로 적용한다.

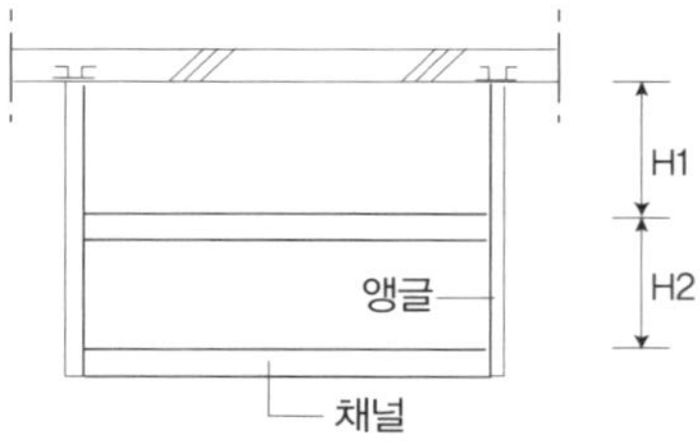

일반가대

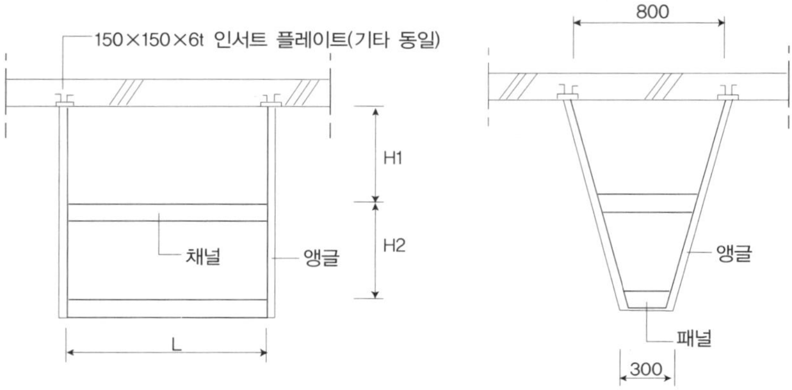

앵커가대

가대 및 슈 설치

(5) 슬리브

배관이 슬래브나 벽체를 관통할 때 사용하는 것으로, 강관슬리브 설치는 일위대가이고 PVC슬리브는 자재단가를 적용해야 한다.

1) **강관슬리브 설치 :** 압력용 관으로서(급수 · 난방 · 소화 등) 콘크리트벽이나 바닥을 관통할 경우 사용한다.

2) **강관슬리브(지수판 부착) :** 지하층에서 외벽에 설치되는 슬리브로, 외벽 땅속의 물이 지하 옥내로 슬리브와 벽체 사이로 유입되는 것을 방지하기 위해 설치하는 슬리브이다.

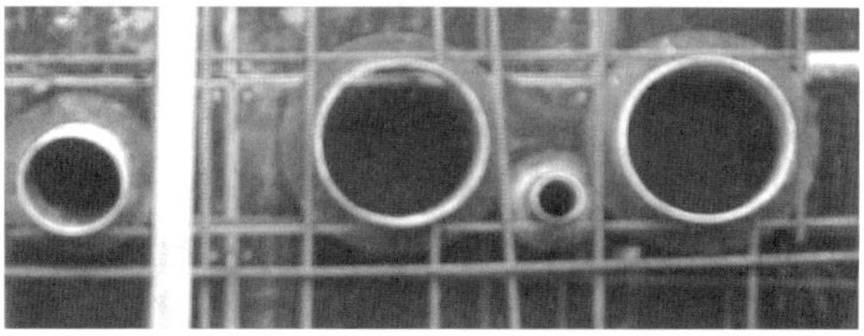

강관슬리브(지수판)

3) **PVC슬리브 :** 대기압 이하의 PVC관을 사용하는 오배수관은 슬리브가 배관 역할도 겸하는 슬리브를 말한다.

PVC 성형 슬리브

(6) 자동밸브류 설치

특별한 기능을 가지는 밸브류(이방변, 삼방변, 감압변, 트랩, 전자변 등)는 단독으로 설치하지 않고 고장났을 때를 대비하여 바이패스를 설치하고, 공량은 1조 전체를 조립하는 일위대가 처리되며 보통 자동밸브류의 관경은 배관관경보다 1~2단계 작게 설치되는 것이 보통이다.

(7) 인서트 플레이트

인서트 플레이트는 배관가대를 고정시키기 위하여 사용하는 것으로 거푸집 위에 고정하여 철근콘크리트 속에 매립한다. 거푸집 해체 후 가대를 인서트 플레이트에 용접하여 설치한다. 철판과 철근으로 구성되고 일반적으로 150×150mm(일반용)나 200×200mm(기계실용) 두 가지 형태가 있다.

(8) 사각덕트 제작 및 설치

덕트용 철판의 두께는 장변의 길이로 결정되고, 재료 할증이 28%로 보통 3′ × 6′, 4′ × 8′ 철판으로 사용 시 제정된 할증으로 요즈음은 CAD/CAM 시스템에 의한 자동화 덕트라인에 의해 롤 판을 사용함으로써 재료가 많이 절약되고 있다. 덕트의 크기를 규격화시킬 수 없으므로 일위대가로 만들어 사용한다.

기계식 덕트와 인력 덕트로 나눌 수 있고 도면에서 순수한 설계면적을 구하면 된다. 재료와 품에 대한 할증은 일위대가 내에 포함되어 작성된다.

3.6 적산순서

(1) 공통사항

① 배관재의 물량 산출 시 직관길이에서 부속(엘보, 티 등) 및 밸브, 플랜지에 대한 길이는 빼지 않으며, 부위별(단위세대, 입상, 지하, 옥상 등)로 산출한다.

② 평면상에 나타나는 수직 부분의 배관높이는 수량과 함께 "h"자를 병기한다.

③ 배관재의 할증은 일위대가에 반영되었으므로 배관 연장길이에 대한 할증은 가산하지 않는다(배관을 일위대가로 처리할 경우).

④ 배관계통 중 상세한 명시가 필요한 부분은 양식의 여백에 간단히 스케치하여 수치를 기입하여 명확하게 한다.

⑤ 공용가대(PD내 철물, 지하층 가대, 옥상층 가대) 제작 및 설치에 소요되는 앵글, 채널 등의 물량은 각 규격별로 오·배수 배관공사 내역서에 반영한다.

⑥ 횡주관에서 횡지관의 분기 시에는 수직분 높이(0.2h)를 계상하고, 각층 평면에는 수직분 높이(0.1h)로 계상한다.

(2) 물량 산출

1) 수량 산출순서

① 큰 관경에서 작은 관경으로

② 주관에서 지관으로

③ 시공순서대로

2) 설계도면, 시방서에 기재되어 있는 공사종목, 설치장소, 계통 등으로 분류, 소정의 산출용지를 사용하여 물량 산출을 시작한다.

① 기기류의 물량은 설계도면으로부터 명확하게 산출하고 형식, 종별, 능력, 치수 등은 기기시방에 준하여 적으며 특기시방의 경우는 그 조건을 적어둔다.

② 배관, 덕트 등의 물량은 설계도면상의 계통, 치수, 종별, 축척(scale) 등에 유의해 착오를 일으키지 않도록 정확하게 산출하고, 색연필을 사용하여 적산 진행 여부를 확인할 수 있도록 한다.

③ 설계도면에 표시되어 있지 않은 입상 및 입하관 등에서는 수량이 빠지지 않도록 세심한 주의가 필요하다.

3) 수량 집계 및 공량을 산출한다.

지금까지 산출한 수량을 각 공종별로 정리하여 집계하고 필요한 소모품류와 도면에 표시되지 않은 보온, 도장, 지지금구 등을 산출하고 품셈에 의한 재료의 할증과 공량을 산출한다.

4) 수량서를 작성한다.

내역서 양식에 품명, 규격, 단위, 수량까지만 입력한다.

5) 내역서를 작성한다.

내역서의 단가 입력 시에는 단가와 일위대가를 정확히 구분하여 입력한다.

6) 직접재료비, 직접노무비를 집계하여 공사 전체의 직접공사비를 산출한다.

7) 공사원가를 계산한다(공과잡비 적용).

(3) 공사비 결정

공사비는 자재비와 노무비, 경비로 구분되며, 이 중 자재비는 공사에 적용되는 자재 단가와 산출된 물량의 곱으로 결정되며, 노무비는 품셈의 공량에 시중 노임단가를 곱하여 결정된다.

경비는 일위대가상의 경비항목과 기계경비, 전력비 등을 합하여 산출한다.

1) 자재단가

재료비의 단가는 다음과 같은 자료에 의해 자재의 시방에 따라 사용물량의 많고 적음, 시공장소, 지불조건, 현장반입 예정일, 제조업자의 지정 유무 등을 고려하여 정한다.

① 제조업자의 견적서

② 조달청 가격정보, 시중물가지 등

2) 주요기기의 단가(장비류)

냉동기, 보일러, 냉각탑, 공기조화기, 송풍기, 탱크류, 기타 주요기기의 단가에 관해서는 위의 자료를 고려함은 물론이고, 적정한 값을 구하기 위해 제조업자 중 두 개 업체 이상으로부터 견적서를 받아 그 내용을 검토하여 단가를 정하는 경우가 많다. 또한 그 시방과 사양이 유사한 이미 시공된 장비에 대한 가격과 비교하여 가격상의 큰 차이가 있을 경우에는 그 이유를 검토하여 보정한다.

기기의 견적에서 부속품, 부대공사 등의 조건에 따라 금액의 차이가 크기 때문에 설계도서에 의한 정확한 사양에 대한 동일 조건의 견적을 입수하는 것이 매우 중요하다.

3) 일위대가(복합단가)

일위대가는 해당 공사의 공종별 단위당 소요되는 재료비와 노무비를 산출하기 위하여 표준품셈에 정해진 재료수량과 품수량에 단가를 곱하여 산출한 단위당 공사비를 뜻하며 복합단가라고도 한다. 복합단가는 소요물량의 산출만으로 즉시 공사비가 산출될 수 있도록 표준일위대가표가 자재단가와 별도로 작성되어 있다.

(4) 견적 시 주의사항

물량산출로부터 내역명세서를 완료하기까지의 작업에 있어서 일반적인 주의사항은 다음과 같다.

① 설계도면, 시방서, 현장설명서 등에 의해 공사내용을 충분히 파악하고 공사범위를 확인한다.

② 설계도서에 대하여 의문점이 있으면 서류, 기타의 방법으로 질문하여 회답을 구한다.

③ 공사의 규모가 크고 적산기간이 짧을 경우에는 여러 명이 참여하여 진행을 하는데, 이때 작업내용에 따른 정확한 분할을 하여 상호 간에 산출 누락, 중복 산출 등의 착오가 없도록 한다.

④ 물량산출 시에는 일정한 규격의 용지를 사용하여 산출순서와 과정이 쉽게 이해될 수 있도록 정리해둔다. 이는 물량 산출 후 검산, 발주자와 수주자 간에 물량 차이의 발생에서 확인할 수 있는 근거 서류가 되며, 이를 보통 물량산출서라고 한다.

(5) 물량산출 단계에 있어 착오하기 쉬운 점

1) 산출 누락

산출 누락의 예는 입상관, 입하관, 밸브류, 에어벤트, 관말트랩장치, 온도계, 압력계, 덕트기구류, 에어챔버, 방화댐퍼, 점검구, 쪼아내기 보수, 주요장비의 기초가대 등이 있다.

2) 중복 산출

중복 산출의 예는 장비에 포함되어 있는 부속품의 산출, 자동제어설비에서 밸브류는 배관공사에서 산출평면도와 계통도에서의 중복이 발생하는 경우가 많다.

3) 계산 오류(숫자의 자릿수 틀림, 설계도면의 축척 틀림)

계산의 오류는 물량산출 과정에서 곱셈 계산 시 자릿수 틀림이 상당히 많다. 검산하는 습관을 몸에 익히도록 하는 것이 필요하다. 문자의 읽기 오류 예는 배관재료가 도면상 동관(銅管)이라고 적혀 있는데도 강관(鋼管)으로 산출한다든지, 플렉시블 조인트(flexible joint)와 익스팬션 조인트(expansion joint) 배관의 관경을 잘못 읽어서 산출하는 것을 말한다. 산출 누락과 중복 산출은 역관계가 되지만, 이들의 방지수단으로 설계도면상의 기기대수 또는 배관, 배선, 덕트 등 길이의 산출이 끝난 부분에 대하여 색연필로 표시하는 방법을 사용한다.

(6) 산출된 물량을 집계 · 정리하여 수량서에 입력하는 단계에서의 주의사항

① 산출된 물량을 명확히 하여 부자재와 잡자재 산출 시 물량과다 및 부족현상이 발생하지 않도록 한다.

② 산출된 물량에 대한 보온, 비보온, 도장의 종류와 횟수 등의 내용을 정확히 파악하여 물량 및 품을 구한다.

(7) 단가 기입에서 내역서 작성까지 주의사항

1) 단가와 일위대가를 정확히 적용한다.

단가 적용 시 재료의 단가와 일위대가를 잘못 이해하여 적용하는 사례가 발생하며, 기기의 시방, 용량, 크기 등의 잘못 읽기에 의한 것이지만 장비에 포함된 부속품이나 부대공사 범위, 도매가격과 소매가격의 착오, 공장도 가격과 현장인도 가격의 착오 등 여러 가지 경우가 있기 때문에 주의를 요한다.

2) 계산 오류를 없앤다.

계산 오류는 단가를 곱할 때 자릿수를 착각해서, 예를 들면 100,000원을 10,000원으로 하는 경우가 많다. 이러한 오류를 방지하기 위해서는 검산을 그때마다 하는 것이 가장 좋은 방법이다.

3) 제조업자, 전문업자에게 견적을 의뢰할 경우는 그 내용이 설계도면, 시방서 등에 적합한가를 상세히 검토한다.

3.7 적산 전 결정 및 확인사항

(1) 축척 확인

일반적으로 삼각 스케일은 6가지의 기본 축척을 가지고 있다.

1/100, 1/200, 1/300, 1/400, 1/500, 1/600

이 기본축척을 이용하여 1/1, 1/10, 1/15, 1/150, 1/25. 1/250, 1/12, 1/120 등으로 여러 가지 변형축척을 사용할 수 있다.

축척은 기본 필수사항이지만 반복적인 적산에 의해 착각을 일으킬 수 있으므로 주의를 요한다.

(2) 배관방식 확인

① 당해 층에서 하향배관인가?
② 당해 층에서 상향배관인가?
③ 아래층 천장에서 슬래브를 관통하는 상향배관인가?

를 상세도나 계통도에서 꼭 확인해야 한다. 배관방식에 따라 자재의 품목이나 수량에 많은 차이가 있게 된다. 일반적으로 오·배수배관이 아래층 천장배관이지만 리모델링을 고려한 설계에서는 당해 층에서 모든 것을 해결해야 하므로 주의를 요한다.

당해 층 상향배관(급수)

당해 층 하향배관(급수 · 급탕)

아래층에서 상향배관(오배수)

아래층에서 상향배관(급수 · 급탕)

(3) 천장고 확인

천장 속의 공간은 배관이나 덕트 등을 설치해야 하므로 적정한 공간이 필요하지만 보 때문에 사용할 수 없는 공간이 발생하므로 꼭 확인하여 배관의 높이를 결정해야 한다.

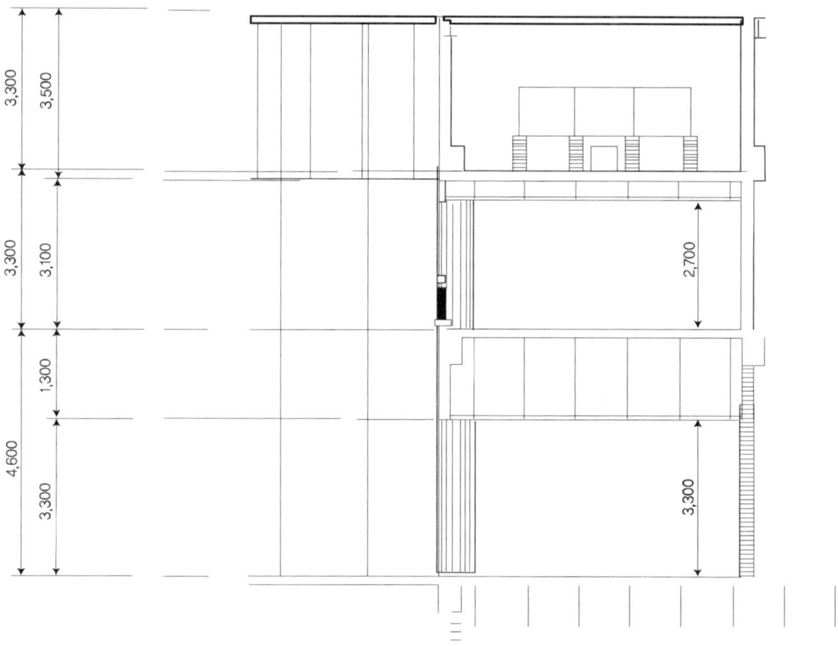

건축단면도

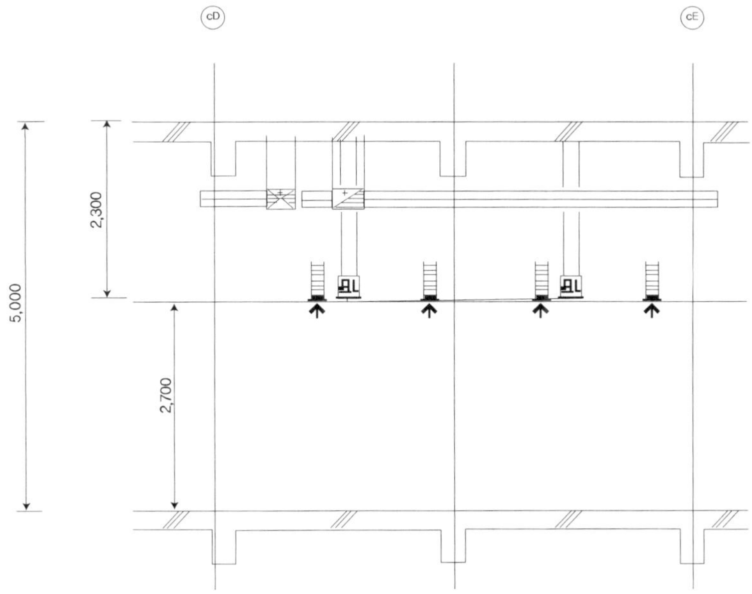

천장 내 덕트 설치

(4) 각종 기구류의 마감높이

각종 기구류의 마감높이는 배관의 길이, 매립보온, 배관 부속류에 영향을 미치므로 연결 높이를 확인해야 한다.

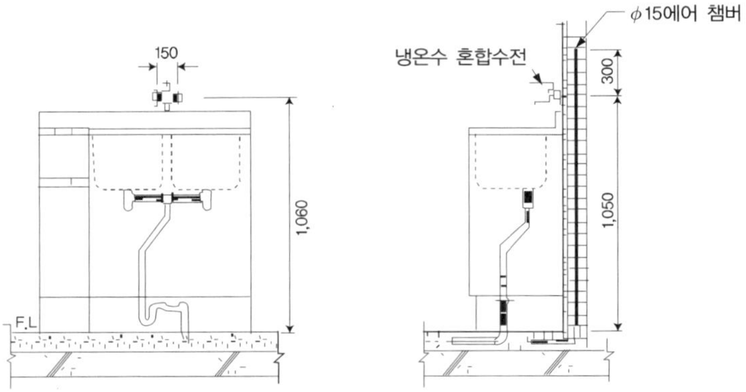

싱크 수전 배관마감도

(5) 위생기구별 배관 연결 관경

공종	양변기(L)	양변기(F/V)	소변기	세면기	욕조	싱크	수채
급수/급탕	φ15	25	15	15	15	15	20
오 · 배수	φ100	100	50	35	40	40/50	100

3.8 배관높이 산정

(1) 급수배관높이 결정방법

실제로 위생기구를 적용하여 급수배관길이를 결정한 예다.

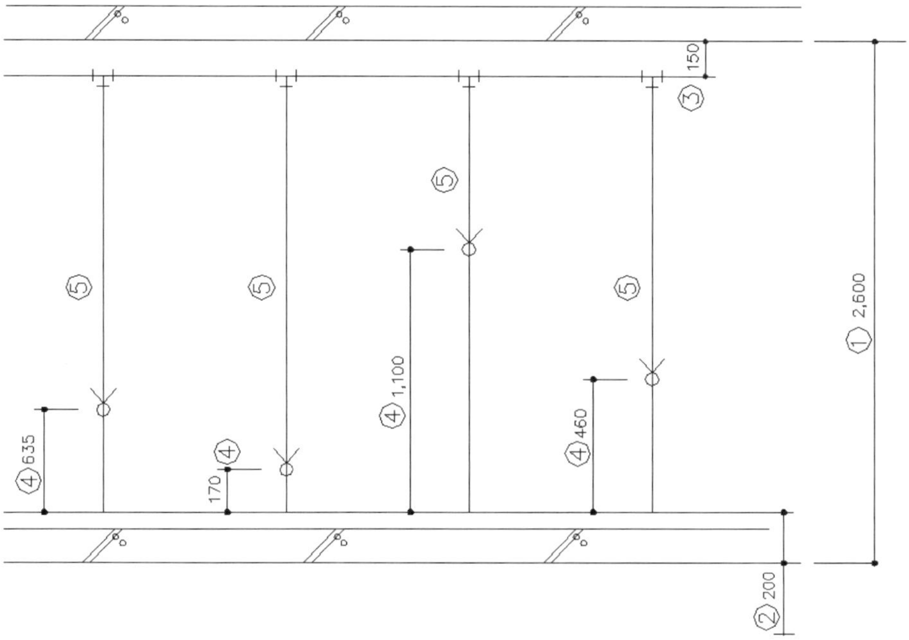

번호	명칭	양변기 KSVC－1110	양변기 KSVC－1210	소변기 KSEU－410	세면기 KSVL－510
①	건물층고	2,600	2,600	2,600	2,600
②	슬래브/마감두께	200	200	200	200
③	배관높이	150	150	150	150
④	기구 연결높이	624	170	1,272	460
⑤	배관길이	1,626	2,080	978	1,790
적용높이(m)		1.7	2.1	1.0	1.8

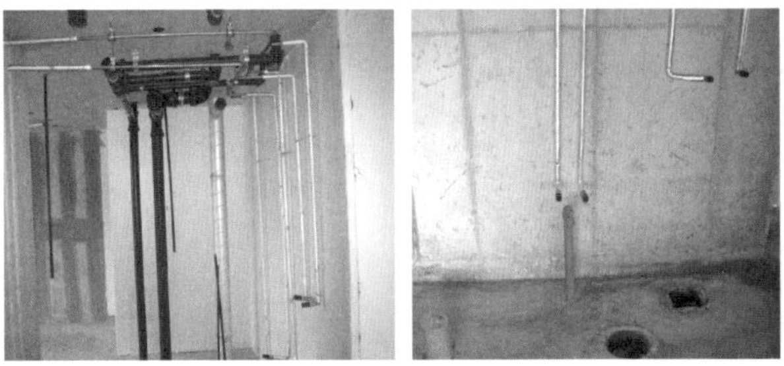

급수 · 급탕배관(하향배관)

화장실내 급수 · 급탕 · 오배수배관

1) C557 ㉿C-1110CR

품번	품명	수량	비고
C557	양변기	1	㉿
	대변기 수세밸브	1	㉿
KCS200	대변기 스퍼드	1	㉿
KCS100	양변기 플랜지	1	
KCP150	시트	1	

주) 급수 최저 필요수압 : 0.7kg/㎠ (최고수압 : 7.0kg/㎠)

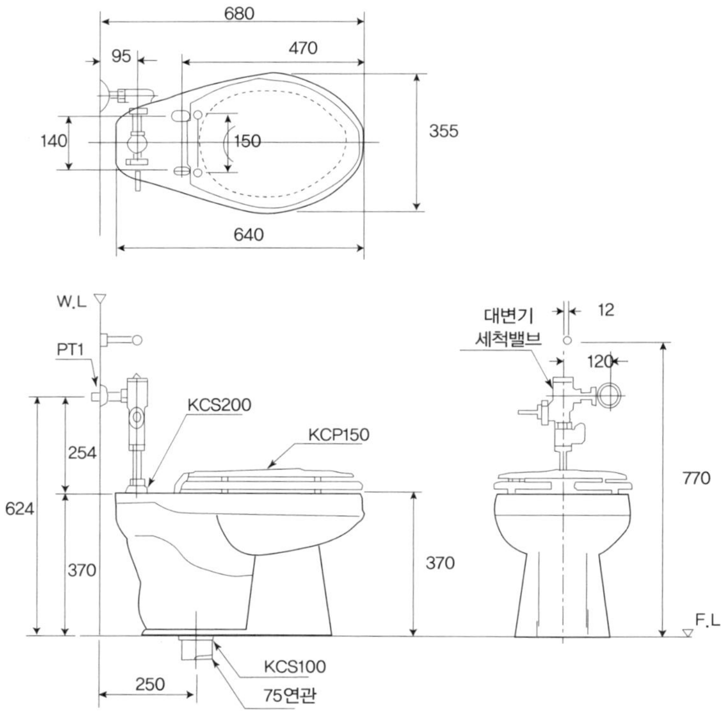

2) C552(H) ⓚC-1210CR

품번	품명	수량	비고
C552(H)	양변기	1	ⓚ
T508R	탱크	1	ⓚ
KCL 160 또는 KCL 161	탱크 일반부속	1	ⓚ
	탱크 절수부속	1	ⓚ
KLV 100	관붙이 앵글형 밸브	1	ⓚ
KCS 100	양변기 플랜지	1	
KCS 500	로탱크 밀결볼트	1	2개 1조
KCP 150	시트	1	

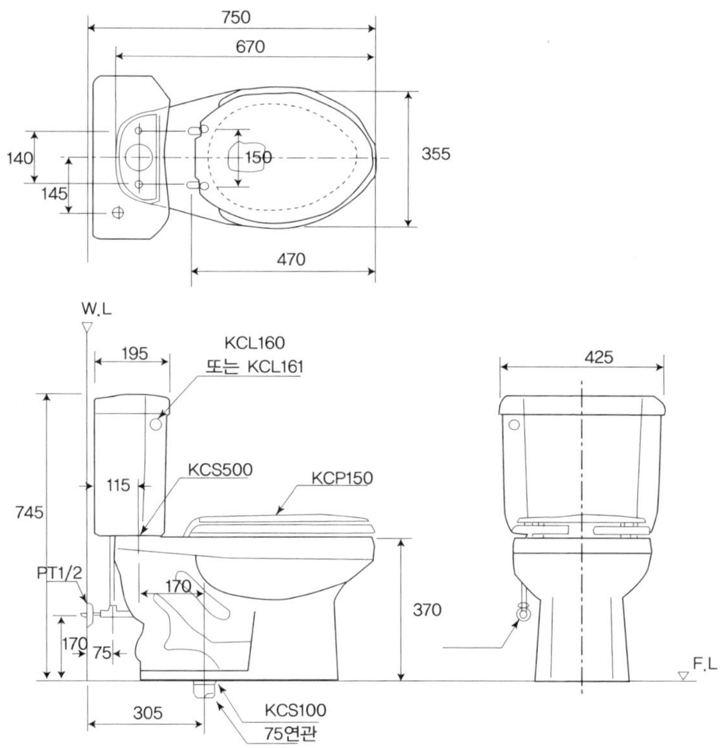

3) U37 ⓚU-410R

품번	품명	수량	비고
U37	소변기	1	ⓚ
	소변기 수세밸브	1	
	소변기 스퍼드	1	ⓚ
	소변기 플랜지	1	ⓚ
	캡볼트	1	2개 1조

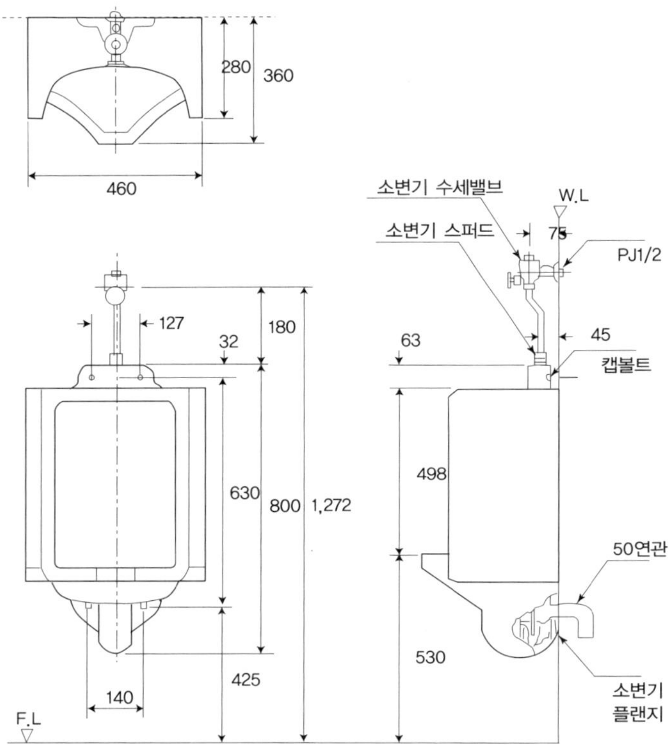

4) L113 ⓀL-510

품번	품명	수량	비고
L113	세면기	1	Ⓚ
	싱글 레버 4″ 혼합수전	1	Ⓚ
	세면기 폽엄	1	Ⓚ
	세면기 P형 트랩 세면기 S형 트랩	1	Ⓚ
KLV100	관불이 앵글형 밸브	1	Ⓚ2개 1조
KLB200	세면기 백 행거	1	2개 1조
KLB100	세면기 브래킷	1	2개 1조

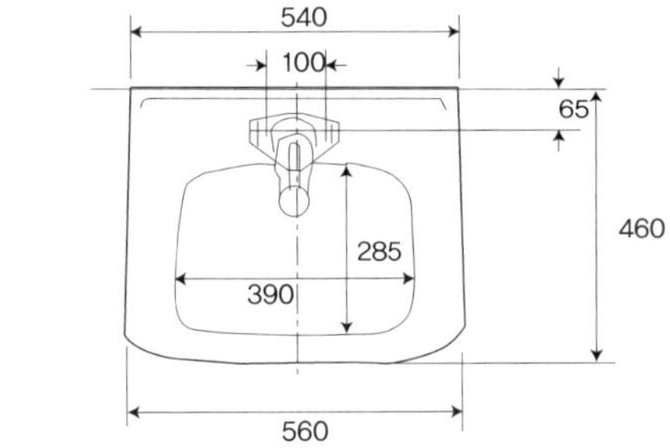

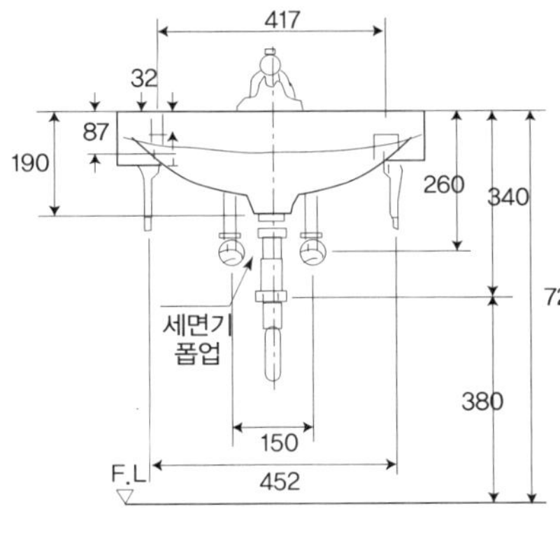

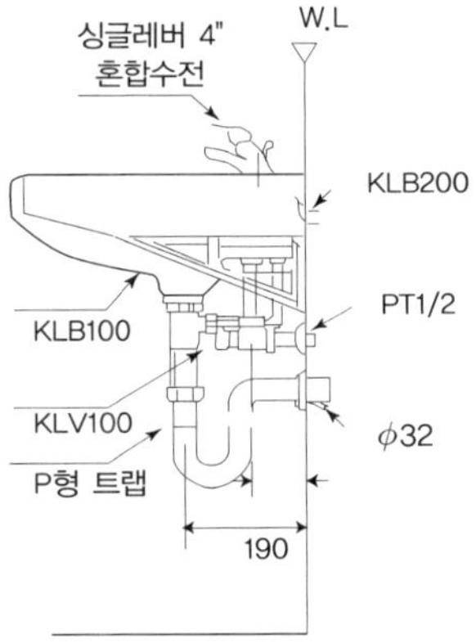

(2) 오 · 배수배관 높이 결정

오 · 배수배관은 보통 아래층 천장에서 슬래브를 관통하는 상향식 배관으로 PVC 슬리브를 사용하여 관통시키지만, 향후 리모델링을 고려한 설계로 당해 층에서 배관을 처리함으로써 다른 세대에 피해를 주지 않는 설계도 있는 바, 견적 시 착오가 발생하지 않도록 주의해야 한다.

실제로 위생기구를 적용하여 오 · 배수관 길이를 결정한 예다.

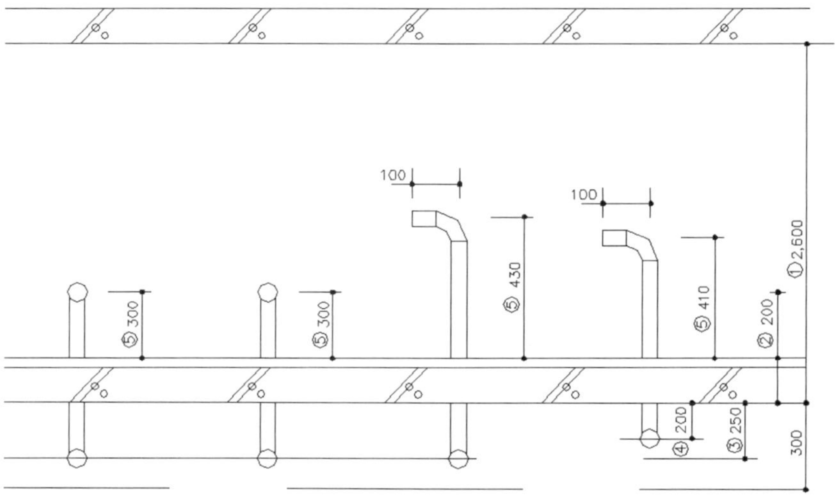

번호	구분	높이(mm)	양변기	소변기	세면기
①	건물 층고	2,600	2,600	2,600	2,600
②	슬래브/마감두께	200	200	200	200
③	오수배관	250	250	250	
④	배수배관	200			200
⑤	기구 연결높이		300	430+100	410+100
⑥	배관길이		550	780	710
적용높이(m)			0.6	0.8	0.8

오 · 배수배관(아래층 상향배관)

양변기 위층 보양배관

3.9 기계설비적산을 위한 기본개념

1. 건축관련 도면

1) 건축도면 - 건축구조도면 → 건축구조기술사
   - 건축마감도면 → 건축사

2) 건축기계설비도면 → 건축기계설비기술사, 공조냉동기술사

3) 건축전기설비도면 → 건축전기설비기술사

2. 건축기계설비도면 종류

1) 급수 배관공사

2) 급탕/환탕 배관공사

3) 오배수 및 통기관 배관공사

4) 냉 · 난방배관공사

5) 기타 공사

3. 급수배관공사 도면 종류

1) 지하층배관공사

2) 옥상층배관공사

3) 입상관배관공사

4) 기준층배관공사

4. 지하층 배관 종류

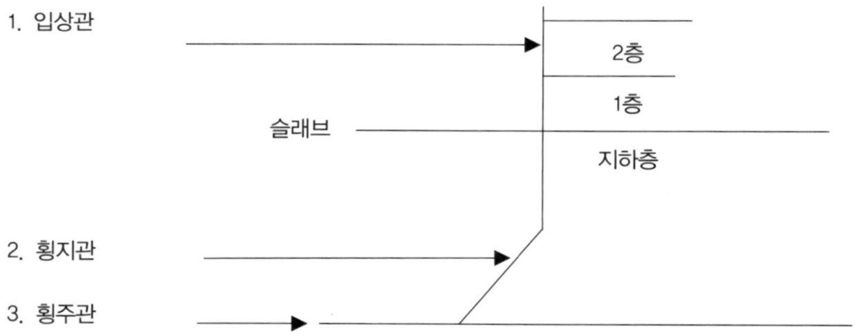

5. 단가와 일위대가(복합단가)

1) 단　　가 : 단순한 1개의 가격

2) 일위대가 : 해당공사의 공종별 단위당 소요되는 재료비와 노무비를 산출하기 위하여 품셈 기준에 정해진 재료의 수량 및 품 수량에 단가를 곱하여 산출한 단위당 공사비

예) 트랩설치 일위대가

6. 예정가격 산출과정

예정가격 ◀── 설계가격 ◀── 공사원가계산서(공사총괄표)

▲

공사원가계산서(공사총괄표)

▲ ◀── 공과잡비 적용

내역서(직접공사비)

▲ ◀── 단가, 일위대가 적용

수량서

▲

수량집계 및 공량산출 : 프로그램 사용 가능

▲

수량산출 ▶ 양식사용 : 직접 수작업

1. 공종별 산출 : 급수, 급탕, 오배수, 위생기구......
2. 도면별 산출 : 지하층, 옥상층, 입상, 기준층..

** 순공사비 : 재료비+노무비+경비

** 총공사비 : 순공사비+(일반관리비+이윤)

** 예정가격 : 총공사비+부가가치세

Chapter 4

건축기계설비 적산 실무

Practices of Building Facilities Cost Estimation

적산 연습문제 1

문제 1

다음 도면은 송담관 급수배관으로 동관(L형)으로 설계되었다. 소요물량과 공량을 산출하고, 수량서를 만드시오.

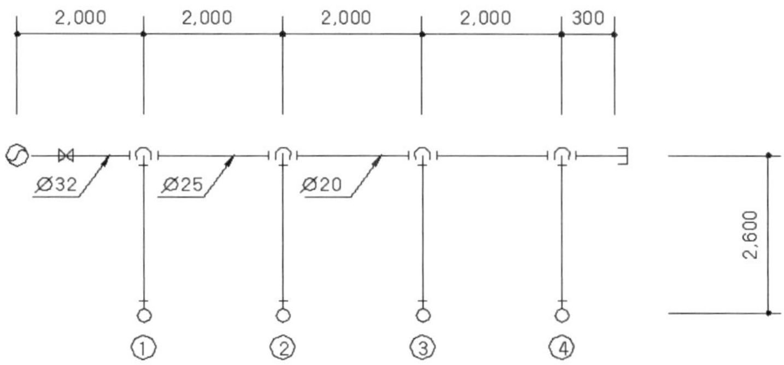

① 양변기(KSVC-1110)F/V형 ② 양변기(KSVC-1210) 로탱크형

③ 소변기(KSEU-410) ④ 세면기(KSVL-520)

풀이

3장 "3-8 배관높이 산정"을 참고하여 결정하고 동관이므로 동관 접합개소를 산출하고, 행거는 절연행거 설치로 산출한다. 그리고 배관이 천장에 노출된 배관과 벽체에 매립된 배관이 있으므로 노출보온과 매립보온을 구분하여 산출시 h로 표기된 부분을 매립보온으로 산출한다.

1. 관수량 산출(소수 2자리에서 반올림한다. 2.11→2.2)
1) 배관의 중심선으로 거리를 잰다(배관 중에 들어가는 부속, 밸브, 신축이음쇠 등의 길이는 공제하지 않는다).

품명	규격	단위	수량	수량 산출
동관(L형)	φ32	M	2	2
	25	M	6.4	2+(0.1h+2.6+1.71h)=6.4
	20	M	4.3	2+2+0.3=4.3
	15	M	13.0	(0.1h+2.6+2.1h)+(0.1h+2.6+1.0h)+(0.1h+2.6+1.8h)=13.0

2) 동부속 수량을 산출한다.(배관을 연결하는 부속류로 공량이 관에 포함되는 제품으로 동엘보, 동티, 동리듀서, 동캡 플랜지 등의 산출양식 순서에 따라 규격별로 산출한다.

동엘보	φ25	개	2	
	15	개	6	
동티	φ32×25	개	1	
	25×15	개	1	
	20×15	개	2	
동리듀서	φ32×25	개	1	
	25×20	개	1	
동캡	φ20	개	1	
수전엘보	φ25	개	1	
	15	개	3	

3) 밸브류 등의 수량을 산출한다.(배관을 연결하되 기능을 가지고 공량을 산출하는 재료로 스트레이너, 스테이너, 신축이음쇠 등을 산출한다.)

게이트밸브	10kg/㎠×φ32	개	1	

4) 동합금 부속 동어댑터, 암어댑터, CM유니언 등을 규격별로 산출한다.

동어댑터	φ32	개	1	
CM유니언	φ32	개	1	

5) 동관접합개소를 규격별로 양식을 만들어 산출한다.

(접합개소 산출)			계	엘보	티	리듀서	캡	수전 엘보	동어 댑터	CM 유니언
동관접합	φ32	개소	5		2	1			1	1
	25	개소	10	(2×2)	1+2	1+1		1		
	20	개소	6		(2×2)	1	1			
	15	개소	18	(6×2)	1+2			3		

6) 배관보온을 노출보온과 매립보온으로 구분한다.

매립보온은 기구연결을 위해 벽체에 매립하는 길이(h)를 먼저 산출한다. 노출보온은 동관 길이에서 매립보온 길이를 뺀다.

배관보온	ϕ32×25T	M	2	수량산출
	25×25T	M	4.7	6.4−1.71h=4.7
	20×25T	M	4.3	
	15×25T	M	8.1	13.0−(2.1h+1.0h+1.8h)=8.1
매립보온	ϕ25×5T	M	1.7	1.7
	15×5T	M	4.9	2.1h+1.0h+1.8h=4.9

7) 동관이므로 절연행거설치(일위대가)를 적용한다.

행거설치 간격은 관종류별, 규격별로 설치길이는 시방서에 있으나 현재 도면에는 적정개소를 적용한다.

절연행거 설치	ϕ32	개소	1	
	25	개소	2	
	20	개소	2	
	15	개소	3	

8) 공량산출

공량은 재료의 설계수량에 적용하고 화장실이므로 20% 할증을 적용한다. 옥내배관 재료할증은 10% 적용한다.

(공량 산출)	(화장실 20% 할증)	단위	설계수량	배관공(인)	보통인부(인)	재료할증 (10%)	
동관	ϕ32	M	2	0.044×1.2=0.105	0.029×1.2=0.069	1.1	2.2
	25	M	6.4	0.036×1.2=0.276	0.025×1.2=0.192	1.1	7.1
	20	M	4.3	0.030×1.2=0.154	0.020×1.2=0.103	1.1	4.8
	15	M	13.0	0.026×1.2=0.406	0.016×1.2=0.250	1.1	14.3
게이트 밸브	ϕ32	개	1	0.074			
소계				1.015	0.614		

2) 송담관 급수배관공사 수량서

품명	규격	단위	수량	단가		금액	
				자재비	인건비	자재비	인건비
동관(L형)	ϕ32	M	2.2				
	25	M	7.1				
	20	M	4.8				
	15	M	14.3				
동엘보	ϕ25	개	2				
	15	개	6				
동티	ϕ32×25	개	1				
	25×15	개	1				
	20×15	개	2				
동리듀서	ϕ32×25	개	1				
	25×20	개	1				
동캡	ϕ20	개	1				
수전엘보	ϕ25	개	1				
	15	개	3				
게이트밸브	10kg/㎠×ϕ32	개	1				
동어댑터	ϕ32	개	1				
CM유니언	ϕ32	개	1				
동관접합	ϕ32	개소	5				
	25	개소	10				
	20	개소	6				
	15	개소	18				
배관보온	ϕ32×25T	M	2				
	25×25T	M	4.7				
	20×25T	M	4.3				
	15×25T	M	8.1				
매립보온	ϕ25×5T	M	1.7				
	15×5T	M	4.9				
절연행거 설치	ϕ32	개소	1				
	25	개소	2				
	20	개소	2				
	15	개소	3				
잡재료	관 가격의 5%	식	1				
소계							
배관공		인	1.105				
보통인부		인	0.614				
공구손료	인건비의 3%	식	1				
소 계							
계							

문제 2

다음 송담관 화장실 도면은 오수배관으로 PVC(VG2) 링접합 도면이다. 소요수량과 공량을 산출하고, 수량서를 만드시오.

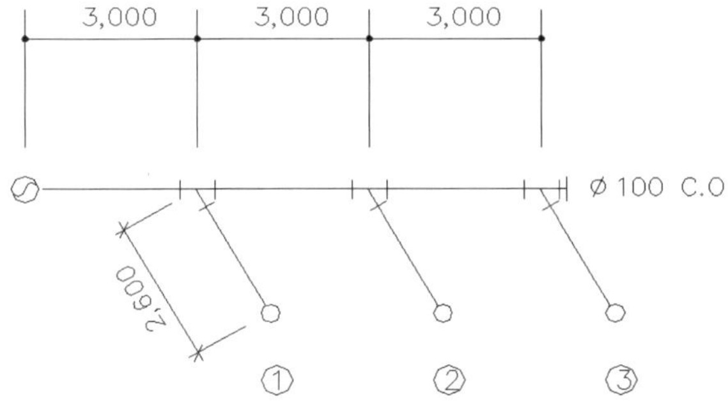

① 양변기(KSVC-1110) F/V형　　② 양변기(KSVC-1210) 로탱크형

③ 소변기(KSEU-410)

풀이

1) 관수량 산출 3장 "3-8 배관높이 산정"을 참고하여 결정하고 배관의 중심선으로 거리를 잰다.(배관 중에 들어가는 부속 등의 길이는 공제하지 않는다) 위생도기류의 접속관경이 도면에 표시되지 않아도 미리 숙지하고, 배관의 높이를 결정하고 링 접합의 NRF 타입으로 수량을 산출한다.

품명	규격	단위	수량	수량산출
PVC관	ϕ100	M	17.0	3+3+3+(2.6+0.6H)×2=15.4 (재료할증 : 15.4×1.1=17)
	50	M	3.8	2.6+0.8H=3.4 (재료할증 : 3.4×1.1=3.8)

2) 관부속류를 산출한다.

Y관	ϕ100×100	개	2	
C-Y관	ϕ100×50	개	1	
곡관	ϕ100×90도	개	2	
	ϕ50×90도	개	2	

3) PVC 슬리브류를 산출한다.

양변기, 소변기 슬리브를 산출한다.(슬래브 두께는 150 mm 적용)

PVC슬리브	ϕ100×150h	개	2	
	50×150h	개	1	

4) 행거 설치

PVC관이므로 행거 설치를 적용하고, 위생기구마다 우선 1개소씩 적용하고 적당한 위치에 추가하여 적용한다.

행거 설치	ϕ100	개소	7	
	50	개소	2	

5) 공량산출

공량은 재료의 설계수량에 적용한다.

(공량산출)		단위	수량	배관공	보통인부
PVC관	ϕ100	M	15.4	0.064=0.985	15.4=0.523
	50	M	3.4	0.034=0.113	0.018=0.059
계				1.098	0.582

2) 송담관 화장실 배관공사 수량서 작성

품명	규격	단위	수량	단가		금액	
				자재비	인건비	자재비	인건비
PVC관	ϕ100	M	17.0				
	50	M	3.8				
Y관	ϕ100×100	개	2				
C-Y관	ϕ100×50	개	1				
곡관	ϕ100×90도	개	2				
	50×90도	개	2				
PVC슬리브	ϕ100×150h	개	2				
	ϕ50×150h	개	1				
행거 설치	ϕ100	개소	7				
	50	개소	2				
잡재료	관 가격의 5%	식	1				
소계							
배관공		인	1.098				
보통인부		인	0.582				
공구손료	인건비의 3%	식	1				
소계							
계							

문제 3

아래 도면은 송담관 저속 아연도철판 덕트제작 설치도면이다. 아래 조건을 참고하여 덕트제작 및 설치 수량서를 완성하시오.

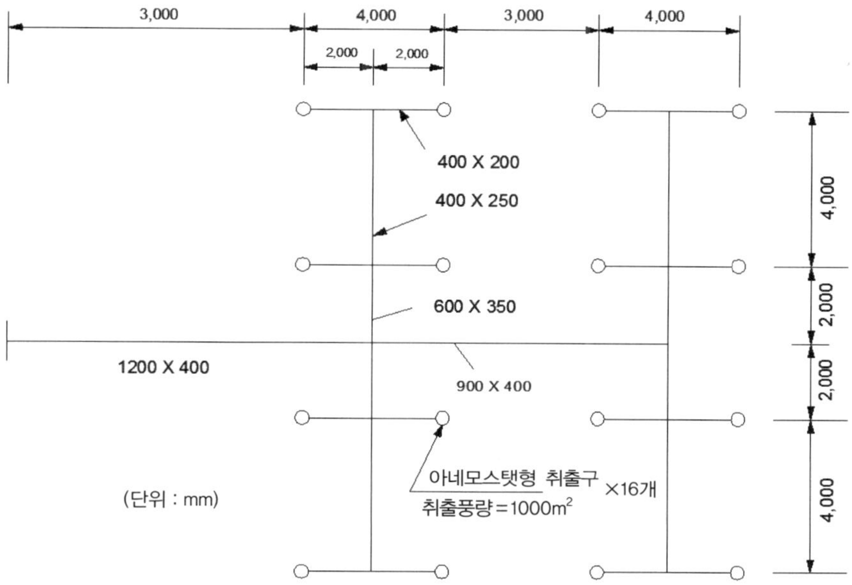

[조건] 수량산출은 주어진 평면에 나타난 것만을 산출함.
산출된 재료 및 노무량에 대한 할증은 없는 것으로 함.

가. 각형덕트 제작

(m^2당)

구분	규격	덕트공(인)
호칭두께	0.5mm	0.180
	0.6mm	0.190
	0.8mm	0.210
	1.0mm	0.240
	1.2mm	0.270
	1.6mm	0.360

나. 각형덕트 설치

(m^2 당)

구분	규격	덕트공(인)	보통인부(인)
호칭두께	0.5mm	0.182	0.031
	0.6mm	0.171	0.029
	0.8mm	0.179	0.030
	1.0mm	0.219	0.037
	1.2mm	0.252	0.043
	1.6mm	0.317	0.054

다. 덕트 크기별 철판두께

두께 \ 구분	저속각형 덕트(mm)
0.5mm(#26)	450 이하
0.6(#24)	451~750
0.8(#22)	751~1,500
1.0(#20)	1,501~2,250
1.2(#18)	2,251 이상

라. 취출구 목지름은 ∅200 mm

마. 플렉시블 덕트는 취출구 개소당 2m/개와 sts clamp 2개씩 적용한다.

바. 덕트 보온은 T=25mm를 적용한다.

풀이

1. 덕트제작과 덕트 설치는 일위대가로 적용하여야 하므로 철판의 규격별 수량을 산출한다.(일위대가에는 덕트 철판의 할증, 부자재수량, 기타 자재 등이 포함된다.
   1) 덕트의 철판면적은 덕트 규격별로 면적을 먼저 산출한다.
      - 산출방법은 덕트의 표면적을 산출하는 것으로
        (장변+단변)×2×(덕트길이)

덕트 크기(mm)	사각길이(m)	산출길이(m)	철판면적(m^2)
400×200	(0.4+0.2)×2=1.2	(2+2)×8=32	38.4
400×250	(0.4+0.25)×2=1.3	4×4=16	20.8
600×350	(0.6+0.35)×2=1.9	2×4=8	15.2
900×400	(0.9+0.4)×2=2.6	7	18.2
1200×400	(1.2+0.4)×2=3.2	5	16
합 계			108.6

2) 덕트 크기로 산출된 면적은 덕트의 장변길이로 합산하여 철판 두께를 산출한다.

철판 두께(mm)	철판면적(m^2)
0.5	38.4+20.8=59.2
0.6	15.2
0.8	18.2+16=34.2

** 덕트제작과 덕트 설치공량 방법을 참고로 산출해본다.

1) 덕트제작공량

철판 두께(mm)	철판면적(m^2)	덕트제작	
		덕트공/m^2	덕트공
0.5	14.24	0.18	2.563
0.6	15.2	0.19	2.888
0.8	34.2	0.21	7.182
계			12.633

2) 덕트설치공량

철판 두께(mm)	철판면적(m^2)	덕트설치			
		덕트공/m^2	덕트공	보통인부/m^2	보통인부
0.5	14.24	0.182	2.591	0.031	0.441
0.6	15.2	0.171	2.599	0.029	0.440
0.8	34.2	0.179	6.121	0.030	1.026
계			11.311		1.907

2. 취출구 등 기타 재료와 공량을 산출한다.

1) 기타 재료

품명	규격	단위	수량	수량 산출
취출구	(아네모스탯형)	개	16	16
플렉시블 덕트	ϕ200	m	32	16×2=32
sts clamp	ϕ200	개	32	16×2=32
덕트보온	T=25	m	108.6	풀이 1) 수량

2) 기타 재료의 공량을 구한다.

품 명	규격	단위	수량	덕트공(인)
취출구	φ200	개	16	16×0.506=8.096
플렉시블 덕트	φ200	개소	16	16×0.10=1.60
계				9.696

3. 송담관 덕트제작 설치공사 수량서

품명	규격	단위	수량	단가		금액	
				자재비	인건비	자재비	인건비
덕트제작공사	T=0.8	m^2	34.2				
	T=0.6	m^2	15.2				
	T=0.5	m^2	59.2				
덕트설치공사	T=0.8	m^2	34.2				
	T=0.6	m^2	15.2				
	T=0.5	m^2	59.2				
취출구	아네모스탯형 φ200	개	16				
플렉시블 덕트	φ200	m	32				
sts clamp	φ200	개	32				
덕트보온	T=25	m^2	108.6				
덕트공		인	9.696				
공구손료	인건비의 3%	식	1				
계							

문제 4

송담관 위생기구의 산출결과가 다음과 같을 때 공량을 계산하시오(아파트).

1) 수량

품명	규격	단위	수량	수량 산출
세면기	KSVL-520	조	5	화장경, 화장대, 수건걸이 포함
양변기	KSVC-1210	조	10	F/V형, 휴지걸이 포함
소변기	KSEU-320	조	8	
바닥배수구	ϕ50	개	5	
급수전	ϕ15	개	10	
싱크 혼합수전	ϕ15	개	10	

2) 품셈(아파트 적용)

구분	위생공(인)	보통인부(인)
세면기	0.275	0.065
양변기(로탱크형)	0.694	0.2
양변기(F/V형)	0.669	0.193
소변기(중형스톨)	0.784	0.253
화장경(450×600)	0.189	
화장선반	0.099	
수건걸이(바형)	0.099	
휴지걸이	0.071	
급수전	0.087×0.7=0.060	0.017×0.7=0.011
바닥배수구(ϕ50)	0.115	0.039
싱크 혼합수전	0.164	0.033

풀이

1) 수량산출서

품명	규격	단위	수량	수량 산출	
				위생공(인)	보통인부(인)
세면기	KSVL-520	조	5	0.275×5=1.25	0.065×5=0.325
양변기	KSVC-1210	조	10	0.669×10=6.69	0.2×10=2.0
소변기	KSEU-320	조	8	0.784×8 =6.272	0.253×8 =2.024
바닥배수구	ϕ50	개	5	0.115×5=0.575	0.039×5=0.195

(표 계속)

품명	규격	단위	수량	수량 산출	
				위생공(인)	보통인부(인)
급수전	ϕ15	개	10	0.060×10=0.600	0.011×10=0.110
싱크 혼합수전	ϕ15	개	10	0.164×10=1.640	0.033×10=0.33
수건걸이	2-BAR	개	5	0.099×5=0.495	
휴지걸이	STS제	개	10	0.071×10=0.71	
화장선반		개	5	0.099×5=0.495	
화장경	450×600	개	5	0.189×5=0.945	
계				19.672	4.984

2) 송담관 위생기구설치 수량서

품명	규격	단위	수량	단가		금액	
				자재비	인건비	자재비	인건비
세면기	KSVL-520	조	5				
양변기	KSVC-1210	조	10				
소변기	KSEU-320	조	8				
바닥배수구	ϕ50	개	5				
급수전	ϕ15	개	10				
싱크 혼합수전	ϕ15	개	10				
수건걸이	2-BAR	개	5				
휴지걸이	STS제	개	10				
화장선반		개	5				
화장경	450×600	개	5				
소 계							
위생공		인	19.672				
보통인부		인	4.984				
공구손료	인건비의 3%	식	1				
소 계							
계							

문제 5

송담관 기계설비공사 원가계산 수량조서를 작성하시오.

1. 송담관 기계설비공사 원가계산서(총괄표)

품명	규격	단위	수량	금액	구성비
1. 재료비		식	1		
2. 직접노무비		식	1		
소 계					
3. 간접노무비		식	1		직접노무비의 14.3%
계					
4. 경 비					
1) 산재보험료		식	1		노무비의 3.4%
2) 안전관리비		식	1		(재료비+직접노무비)의 2.48%
3) 기타 경비		식	1		(재료비+노무비)의 5.5%
소계					
계					
5. 일반관리비	식		1		(재료비+노무비+경비)의 5.5%
계					
6. 이윤	식		1		(노무비+경비+일반관리비)의 15%
합 계					

2. 송담관 기계설비공사 집계표

품 명	규격	단위	수량	재료비	노무비
1) 급수배관공사		식	1		
2) 오수배관공사		식	1		
3) 덕트제작 설치공사		식	1		
4) 위생기구 설치공사		식	1		
합 계					

3. 송담관 기계설비공사 수량서

1) 급수배관공사

품명	규격	단위	수량	재료비		노무비	
				단가	금액	단가	금액
동관("L"-TYPE)	ϕ32	M	2.2				
동관("L"-TYPE)	ϕ25	M	7.1				
동관("L"-TYPE)	ϕ20	M	4.8				
동관("L"-TYPE)	ϕ15	M	14.3				
동엘보	ϕ25	EA	2				
동엘보	ϕ15	EA	6				
동티	ϕ32×25	EA	1				
동티	ϕ25×15	EA	1				
동티	ϕ20×15	EA	2				
동리듀서	ϕ32×25	EA	1				
동리듀서	ϕ25×20	EA	1				
동캡	ϕ20	EA	1				
수전엘보	ϕ25	EA	1				
수전엘보	ϕ15	EA	3				
게이트밸브	ϕ32	EA	1				
동어댑터	ϕ32	EA	1				
C×M 유니언	ϕ32	EA	1				
동관접합	ϕ32	개소	5				
동관접합	ϕ25	개소	10				
동관접합	ϕ20	개소	6				
동관접합	ϕ15	개소	18				
배관보온	ϕ32×25T	M	2				
배관보온	ϕ25×25T	M	4.7				
배관보온	ϕ20×25T	M	4.3				
배관보온	ϕ15×25T	M	8.1				
벽체매립보온	ϕ25×5T	M	1.7				
벽체매립보온	ϕ15×5T	M	4.9				
절연행거 설치	ϕ32	개소	1				
절연행거 설치	ϕ25	개소	2				
절연행거 설치	ϕ20	개소	3				
절연행거 설치	ϕ15	개소	3				
잡재료비	관 가격의 5%	식	1				
소 계							
배관공		인	1.105				
보통인부		인	0.614				
공구손료	인건비의 3%	식	1				
소 계							
계							

2) 오배수배관공사

품명	규격	단위	수량	단가		금액	
				자재비	인건비	자재비	인건비
PVC(VG2)	φ100	M	17.0				
PVC(VG2)	φ50	M	3.8				
Y관	φ100×100	EA	2				
C-Y관	φ100×50	EA	1				
곡관	φ100×90°	EA	2				
곡관	φ50×90°	EA	2				
PVC 슬리브	φ100×150H	EA	2				
PVC 슬리브	φ50×150H	EA	1				
일반행거 설치	φ100	개소	5				
일반행거 설치	φ50	개소	1				
잡재료비	관 가격의 5%	식	1				
소 계							
배관공		인	1.098				
보통인부		인	0.582				
공구손료	인건비의 3%	식	1				
소 계							
계							

3) 덕트제작 설치공사

품명	규격	단위	수량	단가		금액	
				자재비	인건비	자재비	인건비
아연도철판 제작공사	T=0.8	m^2	34.2				
	T=0.6	m^2	15.2				
	T=0.5	m^2	59.2				
아연도철판 설치공사	T=0.8	m^2	34.2				
	T=0.6	m^2	15.2				
	T=0.5	m^2	59.2				
취출구	아네모스탯형 φ200	개	16				
플렉시블 덕트	φ200	m	32				
sts clamp	φ200	개	32				
덕트보온	T=25	m^2	108.6				
덕트공		인	9.696				
공구손료	인건비의 3%	식	1				
계							

4) 위생기구 설치공사

품명	규격	단위	수량	단가		금액	
				자재비	인건비	자재비	인건비
세면기	KSVL–520	조	5				
양변기	KSVC–1210	조	10				
소변기	KSEU–320	조	8				
바닥배수구	ϕ50	개	5				
급수전	ϕ15	개	10				
싱크 혼합수전	ϕ15	개	10				
수건걸이	2–BAR	개	5				
휴지걸이	STS제	개	10				
화장선반		개	5				
화장경	450×600	개	5				
소 계							
위생공		인	19.672				
보통인부		인	4.984				
공구손료	인건비의 3%	식	1				
소 계							
계							

산출서 양식 2

(1) 급수 · 급탕 배관공사

(급수/급탕) 배관공사-1 :　　　　　　　　　　　　도면번호 :

규격	(동관) 산출근거	소계	할증	계	배관공(인)		보통인부(인)	
ϕ50			1.1					
ϕ40			1.1					
ϕ32			1.1					
ϕ25			1.1					
ϕ20			1.1					
ϕ15			1.1					
밸브류 ϕ50 이하								
계								

(급수/급탕) 배관공사-2 :

도면번호 :

규격	동엘보	동티	동리듀서	동캡	동소켓	게이트 밸브	체크 밸브	스트레이너	CM 유니언	CM 어댑터	수전 엘보	동관 접합	매립 보온	보온	절연 행거설치
φ50															
φ40															
φ32															
φ25															
φ20															
φ15															

(2) 오배수 및 통기관 배관공사

오배수 및 통기관 배관공사(PVC관) : 도면번호 :

규격	V G 2					소계	할증	계		행거 설치	배관공(인)		보통인부(인)	
ϕ100							1.1							
ϕ75							1.1							
ϕ50							1.1							
ϕ40							1.1							
ϕ35							1.1							
바닥 배수구														
계														
규격	Y 관	C-Y관	Y-T관	C-YT관	90° 곡관	45° 곡관	바닥배수구	P-트랩						
ϕ100														
ϕ75														
ϕ50														
ϕ40														
ϕ35														

(3) 냉난방배관공사

냉난방배관공사-1 :

규격	(동관) 산출근거	소계	할증	계	배관공(인)		보통인부(인)	
ϕ50			1.1					
ϕ40			1.1					
ϕ32			1.1					
ϕ25			1.1					
ϕ20			1.1					
ϕ15			1.1					
밸브류 ϕ50 이하								
계								

냉난방배관공사-2 :

규격	동엘보	동티	동리듀서	동캡	소켓	게이트 밸브	체크 밸브	스트레이너	CM 유니언	CM 아답터	수전 엘보	동관 접합	매립 보온	보온	행거 설치
ϕ50															
ϕ40															
ϕ32															
ϕ25															
ϕ20															
ϕ15															

냉난방배관공사-3 :

규격																			
φ50																			
φ40																			
φ32																			
φ25																			
φ20																			
φ15																			

(4) 덕트제작 설치공사

덕트제작 설치공사 : 도면번호 :

덕트규격	(　　　　) 산출근거	계	#26 (−450)	#24 (−750)	#22 (−1500)	#20 (−2250)	#18 (−2250)

(5) 위생기구 설치공사

위생기구 설치공사 :　　　　　　　　　　도면번호 :

품 명	규 격	수 량							

(6) 장비설치공사

장비설치공사 :　　　　　　　　　　도면번호 :

품 명	규 격	수 량	품 명	규 격	수 량

금속중량표 3

(1) 배관용 탄소강관(KS D 3507)

규격	내경 (m)	외경 (m)	표면적 (m^2/m)	중량 (kg/m)	용접봉 (kg)	용접공 (인)	비고
φ15	0.0161	0.0217	0.068	1.25	0.006	0.066	φ3.2
φ20	0.0216	0.0272	0.085	1.6	0.011	0.073	〃
φ25	0.0246	0.034	0.107	2.46	0.016	0.08	〃
φ32	0.0357	0.0427	0.134	3.16	0.016	0.08	〃
φ40	0.0416	0.0486	0.153	3.63	0.033	0.091	〃
φ50	0.0529	0.0605	0.19	5.12	0.047	0.114	〃
φ65	0.0679	0.0763	0.24	6.34	0.109	0.122	φ4
φ80	0.0807	0.0891	0.28	8.49	0.121	0.128	〃
φ100	0.1053	0.1143	0.359	12.2	0.163	0.132	〃
φ125	0.1308	0.1398	0.439	16.1	0.194	0.146	〃
φ150	0.1552	0.1652	0.519	19.2	0.263	0.148	〃
φ200	0.2047	0.2165	0.68	30.4	0.484	0.169	〃
φ250	0.2542	0.2674	0.84	41.2	0.742	0.212	〃
φ300	0.3047	0.3185	1	53.8	0.88	0.271	〃
φ350	0.3398	0.3556	1.117	67.7	1.68	0.409	〃
φ400	0.3906	0.4064	1.276	77.6	1.95	0.417	〃
φ450	0.4414	0.4572	1.436	87.5	2.19	0.47	〃
φ500	0.489	0.4080	1.595	117	2.82	0.471	〃

(2) 배관용 동관(KS D 5301)

유형	호칭경		실외경 (mm)	두께 (mm)	중량 (kg/m)	상용압력(kg/㎠)		용도
	(A)	(B)				경 질	연 질	
K	8	$\frac{1}{4}$	9.52	0.89	0.216	111.0	71.6	상수도관 의료배관 기 타
	10	$\frac{3}{8}$	12.70	1.24	0.399	123.0	79.7	
	15	$\frac{1}{2}$	15.88	1.24	0.510	95.3	61.6	
	−	$\frac{5}{8}$	19.05	1.24	0.620	78.7	50.9	
	20	$\frac{3}{4}$	22.22	1.65	0.953	90.8	58.7	
	25	1	28.58	1.65	1.25	69.7	45.1	
	32	$1\frac{1}{4}$	34.92	1.65	1.54	56.6	36.6	
	40	$1\frac{1}{2}$	41.28	1.83	2.03	53.7	34.7	
	50	2	53.98	2.11	3.07	46.1	29.8	
	65	$2\frac{1}{2}$	66.68	2.41	4.35	43.2	27.9	
	80	3	79.38	2.77	5.95	42.4	27.4	
	90	$3\frac{1}{2}$	92.08	3.05	7.63	39.8	25.7	
	100	4	104.78	3.40	9.68	38.7	25.0	
	125	5	130.18	4.06	14.40	37.2	24.0	
	150	6	155.58	4.88	20.70	38.1	24.7	
	200	8	206.38	6.88	38.60	41.2	26.6	
L	8	$\frac{1}{4}$	9.52	0.76	0.187	95.4	61.7	상수도관 냉온수배관 가스배관 온수온돌배관 기타
	10	$\frac{3}{8}$	12.70	0.89	0.295	81.7	52.8	
	15	$\frac{1}{2}$	15.88	1.02	0.426	74.5	48.1	
	−	$\frac{5}{8}$	19.05	1.07	0.540	65.3	42.2	
	20	$\frac{3}{4}$	22.22	1.14	0.675	60.1	38.8	
	25	1	28.58	1.27	0.974	52.6	34.0	
	32	$1\frac{1}{4}$	34.92	1.40	1.32	47.9	31.0	
	40	$1\frac{1}{2}$	41.28	1.52	1.70	43.3	28.0	
	50	2	53.98	1.78	2.61	38.5	24.9	
	65	$2\frac{1}{2}$	66.68	2.03	3.69	35.5	22.9	
	80	3	79.38	2.29	4.96	34.1	22.0	
	90	$3\frac{1}{2}$	92.08	2.54	6.38	33.0	21.3	
	100	4	104.78	2.79	7.99	31.5	20.4	
	125	5	130.18	3.18	11.30	28.8	18.6	
	150	6	155.58	3.56	15.20	27.3	17.6	
	200	8	206.38	5.08	28.70	29.7	19.2	
M	10	$\frac{3}{8}$	12.70	0.64	0.217	57.2	37.0	냉온수배관 온수온돌배관 배수배관 기 타
	15	$\frac{1}{2}$	15.88	0.71	0.302	51.5	33.3	
	20	$\frac{3}{4}$	22.22	0.81	0.487	39.6	25.6	
	25	1	28.58	0.89	0.692	34.4	22.2	
	32	$1\frac{1}{4}$	34.92	1.07	1.02	35.0	22.6	
	40	$1\frac{1}{2}$	41.28	1.24	1.39	35.1	22.7	
	50	2	53.98	1.47	2.17	30.7	19.8	
	65	$2\frac{1}{2}$	66.68	1.65	3.01	28.4	18.3	
	80	3	79.38	1.83	3.99	26.8	17.3	
	90	$3\frac{1}{2}$	92.08	2.11	5.33	26.7	17.3	
	100	4	104.78	2.41	6.93	26.6	17.3	
	125	5	130.18	2.77	9.91	25.1	16.2	
	150	6	155.58	3.10	13.30	23.3	15.1	
	200	8	206.38	4.32	24.50	24.8	16.0	

(3) 철판

두께(mm)	용접봉	용접공	중량(kg/m²)	매당 중량(kg/매)	비고
12	1.8	0.446	94.2	158	φ4
11	1.6	0.4	86.35	144	〃
10	1.4	0.363	78.5	131	〃
9	1.2	0.313	70.65	118	〃
8	1	0.28	62.8	105	〃
7	0.8	0.226	54.95	91.9	〃
6	0.6	0.173	47.1	78.8	〃
5	0.4	0.153	39.25	65.7	〃
4.5	0.3	0.136	35.33	59.1	〃
3.2	0.2	0.12	25.12	42	φ3.2
3	0.2	0.12	23.55		
2.3	–	–	18.06	30.2	〃
1.6	–	–	12.56	21	〃

(4) 채널

규격	중량(kg/m)	규격	중량(kg/m)
75×40×5t	6.92	150×75×6.5t	18.6
100×50×5t	9.36	150×75×9t	24.0
125×65×6t	13.4	300×100×10t	46.8
150×70×6t	15.8		

(5) 앵글

규격	중량(kg/m)	규격	중량(kg/m)
40×40×3t	1.83	65×65×5t	5.0
40×40×5t	2.95	65×65×6t	5.91
50×50×4t	3.06	75×75×6t	6.85
50×50×6t	4.43	75×75×9t	9.96

(6) 평강

규격	중량(kg/m)	규격	중량(kg/m)
25×3t	0.589	60×6t	2.83
32×3t	0.754	60×9t	4.24
40×3t	0.895	100×9t	7.07
50×3t	1.18		
50×6t	1.96		

(7) 환봉

규격	표면적(m^2/m)	중량(kg/m)	규격	표면적(m^2/m)	중량(kg/m)
ϕ6	0.018	0.222	ϕ16	0.050	1.58
ϕ9	0.028	0.499	ϕ22	0.069	2.98
ϕ12	0.037	0.888			

적산 실습용 도면 4

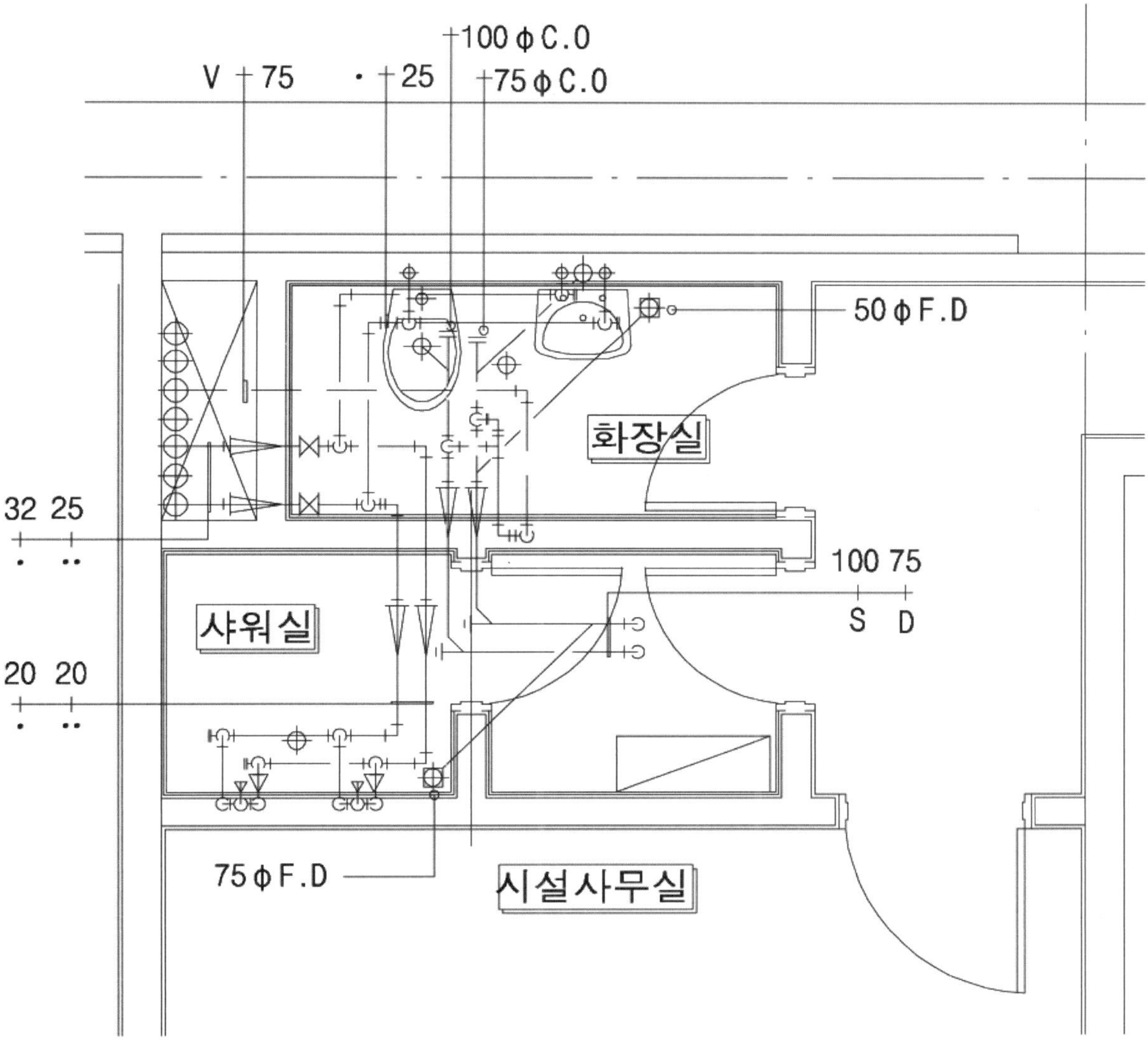

지하3층 화장실 확대배관 평면도

SCALE : 1/30

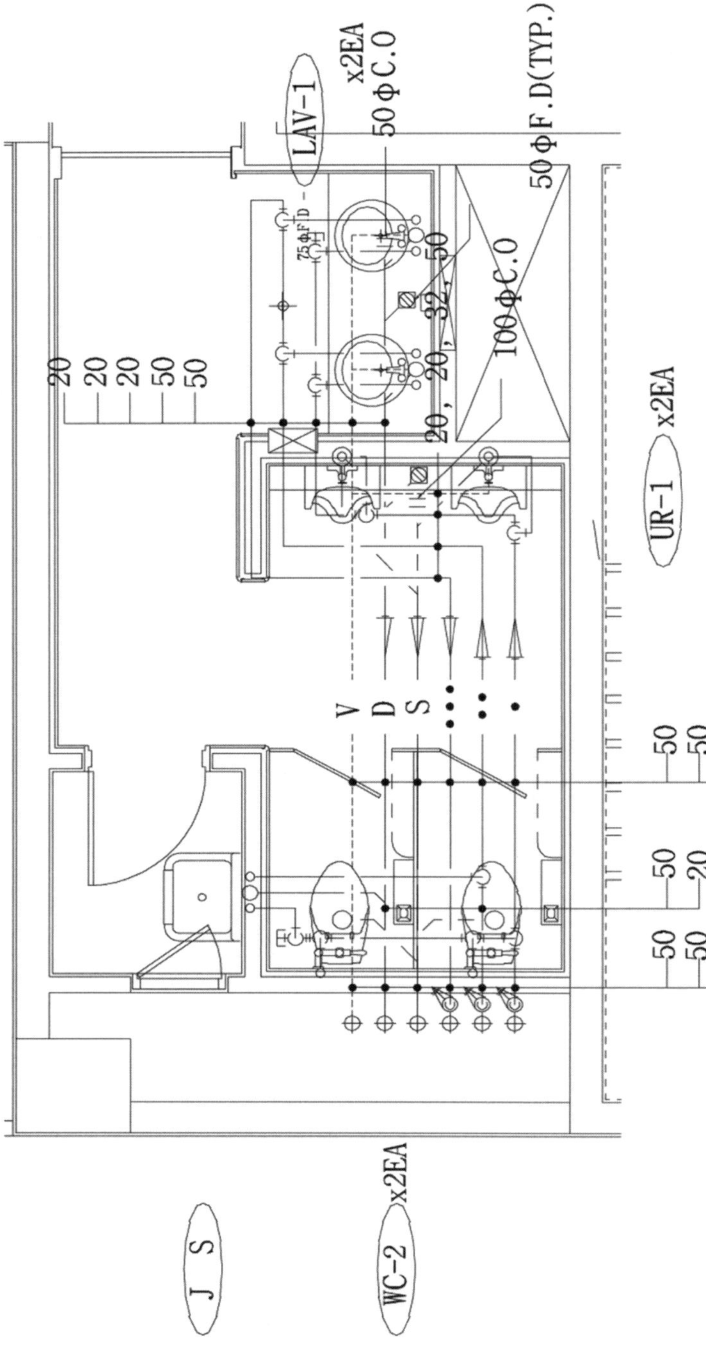

지하4(중층)층 화장실 확대배관 평면도

SCALE : 1/30

참고문헌

1. 한국토지주택공사, 견적지침, 2009년
2. 한국토지주택공사, 공사감독핸드북, 2004년
3. 건축기계설비시공실무, 기문당, 2012년
4. 건축설비 용어사전, 기문당, 1996년
5. 공기조화냉동위생 표준용어집, 대한설비공학회, 1993년
6. 설비공학핸드북 1-4권, 설비공학회, 2002년
7. 2017년 기계설비표품셈, 건설연구원, 2016년

저자소개

김 덕 주 단국대학교 대학원 석사, 한밭대학교·홍익대학교 강사, 우송공업대학 건축설비과 교수
대한주택공사 기계설비감독, (주)신화엔지니어링 이사, (주)ITM 상무이사를 역임
건축기계설비기술사, 건설사업관리 전문가(CMP)
현재 / 용인송담대학교 건축소방설비과 교수, 대한설비공학회 위생부문위원
기계설비시공 및 적산, 기계설비설계 및 리모델링 연구 수행
저서 : 『건축기계설비시공실무』, 『건축기계설비설계실무』
E-mail : dj1009K@ysc.ac.kr

김 규 생 고려대학교 대학원 기계공학 석사, 해군사관학교 기계공학과 교수
서울산업대학교·철도전문대학·인덕대학 강사, 대한설비공학회 편집위원 역임
현재 / 우송정보대학 기계자동차/설비계열 기계설비전공 교수
전국대학 설비분야 교수협의회 회장, 공기조화설비, 기계설비설계, TAB 기술
신재생에너지설비, 기계설비 에너지절약 연구 수행
저서 : 『조선보수, 건축기계설비의 계획 및 설계』, 『건축기계설비시공실무』
『TAB이론과 실제, 공기조화설비설계』, 『클린룸 설비』
『건축기계설비설계 가이드 북』 등
E-mail : kskim@wst.ac.kr

서 병 택 성균관대학교 대학원 공학박사, 소방공학 국제기술사, 빌딩서비스 국제기술사
현재 / 용인송담대학교 건축소방설비과 교수, 대한설비공학회 위생부문위원
한국설비기술협회 편집이사
저서 : 『공동주택설비설계 가이드북』, 『공기조화설비설계 가이드북』
『위생설비설계 가이드북』, 『건축기계설비설계실무』
E-mail : suhpeter@ysc.ac.kr

건축기계설비 적산실무

2018년 2월 15일 개정판 1쇄 발행
2021년 7월 20일 개정판 3쇄 발행

저 자 김덕주 김규생 서병택
발 행 인 강 해 작
발 행 처 기 문 당
주 소 서울시 성동구 무학봉 28길 4-1
전 화 02) 2295-6171(代)~5
팩 스 02) 2296-8188
출판등록 1976. 10. 7(1-44)
홈페이지 http : // www.kimoondang.com
I S B N 978-89-6225-782-3 93540